家居装修选材完全图解
涂料壁纸织物

邓诗元 袁倩 万丹 主编

化学工业出版社
·北京·

内 容 简 介

本书主要介绍家居装修中所用的涂料壁纸织物，共分为3章，细分出多个品种。全书详细表述了每种材料的名称、特性、规格、价格、使用范围等内容，着重讲解各种材料的选购方法与识别技巧。通过多种方法比较各种材料的质量，满足现代家居装修设计与施工的实际需求。

本书可供现代装修消费者、装修设计师、项目经理、材料经销商阅读参考。

图书在版编目（ＣＩＰ）数据

家居装修选材完全图解．涂料壁纸织物／邓诗元，袁倩，万丹主编．--北京：化学工业出版社，2022.7
ISBN 978-7-122-35416-7

Ⅰ．①家… Ⅱ．①邓… ②袁… ③万… Ⅲ．①住宅－室内装修－装修材料－图解 Ⅳ．①TU56-64

中国版本图书馆CIP数据核字（2019）第231631号

责任编辑：邢启壮　吕佳丽　　　　　装帧设计：史利平
责任校对：刘曦阳

出版发行：化学工业出版社（北京市东城区青年湖南街13号　邮政编码 100011）
印　　装：北京宝隆世纪印刷有限公司
710mm×1000mm　1／16　印张7　字数157千字　2023年1月北京第1版第1次印刷

购书咨询：010-64518888　　　　　　售后服务：010-64518899
网　　址：http://www.cip.com.cn
凡购买本书，如有缺损质量问题，本社销售中心负责调换。

定　　价：49.80元

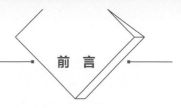

前言

　　家居装修向来是件复杂且必不可少的事情，每个家庭都要面对，但解决装修中的诸多问题需要一定的专业技能，其中蕴含着深奥的学问。本书对烦琐且深奥的装修进行分解，化难为易，为广大装修业主提供切实有效的参考依据。

　　现代家装材料品种丰富，装修业主在选购之前要基本熟悉材料的名称、工艺、特性、用途、规格、价格以及鉴别方法等7个方面的内容。本书正是为使装修业主能快速且深入掌握装修材料而编写的全新手册，旨在为广大装修业主学习家装材料知识提供便捷的渠道。一般而言，常用装修材料都会有2～3个名称，选购时要分清学名与商品名，本书正文的标题均为学名，对于多数材料也在正文中指出了对应的商品名。

　　了解材料的工艺与特性能帮助装修业主合理判断材料的质量、价格与应用方法，避免因买错材料造成麻烦。了解材料用途、规格能帮助装修业主准确计算材料的用量，不至于造成无端浪费。材料的价格与鉴别方法是本书的核心。为了满足全国各地业主的需求，每种材料都给出了一定范围的参考价格，业主可以根据实际情况来选择不同档次的材料。鉴别方法主要是针对用量大且价格高的材料来介绍实用的选购技巧，操作方法简单、实用性强，在不破坏材料的前提下，能基本满足实践要求。

　　本书由邓诗元、袁倩、万丹主编，朱钰文、湛慧、张慧娟任副主编，参编人员有：郭华良、朱涵梅、黄溜、王宇、张泽安、万财荣、杨小云、汤宝环、高振泉、张达、刘嘉欣、史晓臻、刘沐尧、陈爽、金露、万阳、牟思杭、汤留泉、董豪鹏、赵银洁。本书的编写耗时3年，所列材料均为近5年来的主流产品，具有较强的指导意义，在编写过程中得到了多位同仁的帮助，在此表示衷心感谢。

　　由于编者水平有限，书中不足之处在所难免，恳请广大读者批评、指正。

编者

2022年2月

目录

第2章

壁纸

第3章

织物

第1章

涂料

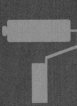

识读难度： ★★★☆☆

核心概念： 腻子、普通涂料、装饰涂料、特种涂料

章节导读： 油漆与涂料是指能牢固覆盖在装修构造表面的混合材料，能形成黏附牢固且具有一定强度与连续性的固态薄膜，能对装修构造起保护、装饰、标志作用。油漆与涂料的概念并无明显区别，只是油漆多指以有机溶剂为介质的油性漆，或是某种产品的习惯名称，本书将二者统称为"涂料"。现代家居装修中运用的油漆涂料品种繁多，一般以专材专用的原则选购。

1.1 腻子

腻子又称为填泥，是平整墙体、构造表面的一种凝固材料，也可以认为是一种厚浆状涂料，是涂料施工前必不可少的材料。腻子一般涂装于底漆表面或直接涂装在装饰构造表面，用以平整涂装表面高低不平的缺陷。

1.1.1 石灰粉

石灰粉是以碳酸钙为主要成分的白色粉末状物质，是传统无机胶凝材料之一。由于其原料分布广，生产工艺简单，成本低廉，在装修工程中广泛应用。

石灰粉又分为生石灰粉与熟石灰粉。生石灰粉是由块状生石灰磨细而得到的细粉；熟石灰粉是块状生石灰用适量水熟化而得到的粉末，又称消石灰。生石灰粉熟化后形成石灰浆，其中石灰粒子形成氢氧化钙胶体结构，颗粒极细，其表面可吸附大量的水，因而有较强保持水分的能力。

在家居装修中，熟石灰粉与水泥砂浆配制出石灰砂浆或水泥石灰混合砂浆，主要用于砌筑构造的中层或表层抹灰，在此基础上再涂刮专用腻子与涂料，表层材料的吸附性会更好。生石灰粉可以用于防潮、消毒，可撒在实木地板的龙骨之间，有防虫、杀虫的效果。

↑ 石灰粉粉末

↑ 石灰粉包装

石灰粉的包装规格一般为0.5～50kg／袋，可以根据实际用量来选购，价格为2～3元／kg。

在施工中，将石灰粉掺入水泥砂浆，可以配成混合砂浆，能显著提高砂浆的和易性。在墙体、构造表面涂刮石灰砂浆时，不宜单独使用熟石灰粉，一般还要掺入砂、纸筋、麻刀等材料，以减少收缩，增加抗拉强度，并能节约熟石灰的用量。

↑石灰粉调和要沿同一方向搅拌

↑石灰腻子刮墙力度要均匀

↑将石灰粉撒地查看石灰粉质地

↑将石灰水涂在树木上为树木提供保护

★选材小贴士

石灰粉选购后注意事项

石灰粉不宜单独使用，一般要掺入砂、纸筋、麻刀等材料，以减少收缩，增加抗拉强度，并能节约石灰粉。

1.1.2 石膏粉

装修用的石膏粉主要成分是天然二水石膏（$CaSO_4 \cdot 2H_2O$），又称为生石膏，它具有凝结速度快、硬化后有膨胀性、凝结硬化后孔隙率大、防火性能好、可调节室内温度湿度等特点，还具备保湿、隔热、吸声、耐水、抗渗、抗冻等功能。

石膏粉是五大凝胶材料之一，广泛用于建筑、建材、工业模具、艺术模型、化工、农业、食品加工和医药美容等众多应用领域，是一种重要的工业原材料，通常为白色、无色，有时因含杂质而成灰色、浅黄色、浅褐色等。

现代家居装修所用的石膏粉多为改良产品，可在传统石膏粉中加入增稠剂、促凝剂等添加剂，使石膏粉与基层墙体、构造结合得更完美。石膏粉主要用于修补石膏板吊顶、隔墙填缝，刮平墙面上的线槽，刮平未抹过石灰的水泥墙面、墙面裂缝等，具有可防表面开裂、固化快、硬度高、易施工等特点。

品牌石膏粉的包装规格一般为每袋5~50kg，可以根据实际用量进行选购，其中包装为20kg的品牌石膏粉价格为50~60元／袋，而散装普通生石膏粉的价格一般为2~3元／kg。

在装修施工中，石膏粉应根据需要加一定比例的水、砂、缓凝剂搅拌成石膏砂浆，可用于墙体、构造的高级抹灰，其表面细腻光滑、洁白美观。石膏粉直接加入适量水拌制成的石膏浆也可以作为油漆的底层，能在表面直接涂刷乳胶漆或铺装壁纸。

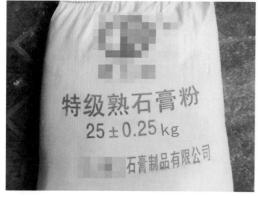

↑石膏粉

↑石膏腻子

★鉴别石膏粉与腻子粉的方法

↑石膏粉呈灰白色，干燥且冰凉，颗粒细腻无结块

方法1 **看用途**

石膏粉和腻子粉不是同一种材料，石膏粉主要是嵌缝、填补孔洞并进行阴阳角的修直，颗粒粗糙，凝结后较坚硬，不易打磨且凝结速度快；腻子粉主要是打底用，凝结速度慢，凝结后质地较软，是刷乳胶漆前比较好的打底材料。

方法2 **看颜色**

可以从颜色上来进行区别。从表面色泽来看，石膏粉的光泽偏暗且呈现灰白色；而腻子粉的光泽则较好，呈现为雪白色。

方法3 **看手感**

材料不同，手感自然也会有所不同，石膏粉的手感一般较为粗糙，而腻子粉则比较细腻。

方法4 **看兑水和刷墙**

石膏粉需要兑建筑胶水搅拌，否则硬化非常快；腻子粉兑建筑胶水或水均可。

★选材小贴士

石膏粉储存注意事项

可依据使用要求选购散装及其他规格包装的产品，硬石膏粉必须在通风、干燥的条件下储存。

←石膏粉储存。石膏粉储存应按照层级排列好，并确保包装袋无任何破损，石膏粉底部应设置木支架，以免受潮

1.1.3　腻子粉

腻子粉是指在涂料施工之前，对施工界面进行预处理的一种成品填充材料，主要目的是填充施工界面的孔隙并矫正施工面的平整度，为获得均匀、平滑的施工界面打好基础。

↑一般型腻子粉

↑耐水型腻子粉

腻子粉主要分为一般型腻子粉与耐水型腻子粉两种。一般型腻子粉用于不要求耐水的场所，由双飞粉（碳酸钙）、淀粉胶、纤维素组成，其中淀粉胶是一种溶于水的胶，遇水溶化，不耐水，适用于北方干燥地区。耐水型腻子粉用于要求耐水、黏结强度高的部位，由双飞粉（碳酸钙）、灰钙粉、水泥、有机胶粉、保水剂等组成，具有较好的耐水性、耐碱性、黏结强度。

目前，在家居装修中，一般多将腻子粉加清水搅拌调和，即可得到能立即用于施工的成品腻子，又称为水性腻子。它是根据一定配比，采用机械化方式生产出来的，避免了传统施工现场手工配比造成的误差，能有效保证施工质量，具有绿色环保，无毒无味，不含甲醛、苯、二甲苯以及挥发性有害物质的优势。在施工现场兑水即用，操作方便，工艺简单，调和完毕后直接用刮板刮涂至墙、顶面。此外，对于彩色墙面，可以采用彩色腻子，即在成品腻子中加入矿物颜料，如铁红、炭黑、铬黄等。

↑腻子粉包装。腻子粉成袋包装，需放置于干燥区，并做好相应的防潮处理，包装袋周边也不宜有硬物，以免包装袋被割破

↑彩色腻子粉调和。将白色腻子粉依据个人喜好加入不同色彩的颜料，兑水充分搅拌，注意搅拌方向一致

腻子粉的品种十分丰富，知名品牌腻子粉的包装规格一般为20kg／袋，价格为50～60元／袋。其他产品的包装一般为5～25kg／袋不等，可以根据实际用量来选购，其中包装为15kg的腻子粉价格为15～30元／袋。

↑成品腻子刮墙时刮刀上所用的
腻子要控制好量

↑腻子打磨前要注意等腻子粉完
全干透

★腻子粉的鉴别与选购

↑腻子粉的白度比石膏粉更高，
颗粒更细腻，手感柔和

步骤1　**闻气味**

打开包装仔细闻腻子粉的气味，优质产品无任何气味，
而有异味的一般为伪劣产品。

步骤2　**看触感**

可以用手拿捏一些腻子粉，感受腻子粉的干燥程度。优
质产品应当特别细腻、干燥，在手中有轻微的灼热感；而冰
凉的腻子粉则大多已受潮。

步骤3　**兑水实验**

仔细阅读包装说明，优质产品只需加清水搅拌即可使
用，而部分产品的包装说明上要求加入901建筑胶水或白乳
胶，则说明这并不是真正的成品腻子。

步骤4　**看是否需要外加材料**

有的产品虽然没有提出添加额外材料的要求，但是经销
商却建议另购辅助材料添加进去，这也说明产品质量一般。

步骤5　**查看相关产品信息**

关注产品包装上的执行标准、质量、生产日期、包装运
输或存放注意事项、厂家地址等信息，优质产品的包装信息
应当特别齐全。

★ 选材小贴士

腻子粉施工注意事项

1. 施工基层应坚实、干净、基本平整、无明水，基层强度应大于或接近腻子的强度，对于吸水性强的基层应先用清水润湿或喷刷建筑胶水进行封底处理，然后再刮腻子，黏稠度以适合施工为宜，新抹灰的水泥墙应在养护期后再刮腻子。

2. 一般产品按腻子粉：水 = 1：0.5的比例搅拌均匀，静置15min再次搅拌均匀即可使用，用钢刮板或抹刀按常规批刮，刮涂次数不可过多，通常批刮2次，在上层干透情况下方可进行第2次刮涂。

3. 批刮厚度要控制在0.8~1.5mm，平均用量1~1.5kg / m²，一般2遍即可。腻子干后用240#砂纸进行打磨，要尽快涂刷涂料或粘贴壁纸。腻子粉保存时要注意防水、防潮，存储期为6个月，多品牌腻子粉不宜在同一施工面上使用，以免引起化学反应或造成色差。

1.1.4 原子灰

原子灰是一种不饱和聚酯树脂腻子，是由不饱和聚酯树脂（主要原料）以及各种填料、助剂制成，与硬化剂按一定比例混合后，具有易刮涂、常温快干、易打磨、附着力强、耐高温、配套性好等优点，是各种底材表面填充的理想材料。

在家居装修中，原子灰的作用与腻子粉一致，只不过腻子粉主要用于墙顶面乳胶漆、壁纸的基层施工，而原子灰主要用于金属、木材表面的刮涂，或与各种底漆、面漆配套使用，是各种厚漆、清漆、硝基漆涂刷的基层材料。

原子灰的品种十分丰富，知名品牌腻子粉的包装规格一般为3~5kg / 罐，价格一般为20~50元 / 罐，可以根据实际用量来选购。

↑原子灰

↑原子灰调和

原子灰在施工时要注意方法，被涂刮的表面必须清除油污、锈蚀、旧漆膜、水分，需确认其干透并经过打磨平整才能进行施工。将主灰与固化剂的按100∶1.5～100∶3（按质量计）调配均匀，与涂装界面的色泽应一致，并在凝胶时间内用完，一般原子灰的凝胶时间为10min，气温越低固化剂用量越多。市场上的原子灰产品还分有夏季型与冬季型，可根据季节、气温来选用。

★原子灰的施工

↑原子灰存储

↑原子灰修补

步骤1

严禁在原子灰中掺入溶剂来降低涂刮黏度，否则会引起涂层起泡、凹陷、龟裂等现象。如果需要降低原子灰黏度，需向厂家购买配套的原子灰原树脂来进行调节。

步骤2

在使用、储存和运输过程中，应遵守国家相关安全法规，要避免皮肤及眼睛与产品接触或吸入其蒸气，最好配戴安全目镜及防护手套。

步骤3

原子灰固化剂属危险化学品，原子灰须储放于阴凉处，远离热源、避免阳光、避免积压和碰撞等，一般原子灰自生产之日起，有效存储期为六个月，特殊的为三年。

步骤4

打开包装后，用刮刀将调好的原子灰涂刮在打磨后的家具、构造表面上，如需厚层涂刮，一般应多分次薄刮至所需厚度。

步骤5

涂刮时若有气泡渗入，必须用刮刀彻底刮平，以确保有良好的附着力，一般刮原子灰后0.5～1h为最佳水磨时间，2～3h为最佳干磨时间，待完全干透后才能涂装油漆。

步骤6

涂刮原子灰后，将打磨好的表面清除灰尘，即可进行各种涂料施工。如果原子灰一次用不完，应立即加盖密封，已经取出且使用过的原子灰不能再装入原容器中。

★选材小贴士

原子灰分类

原子灰基本可分为汽车修补原子灰、制造厂专用原子灰、家具原子灰、钣金原子灰（合金原子灰）、耐高温原子灰、导静电原子灰、红灰（填眼灰）、细刮原子灰、焊缝原子灰等。

腻子一览●大家来对比●

品　种	性　能　特　点	适用部位	价　格
石灰粉	白度较好，容易受潮，成本低廉	水泥砂浆墙面表层涂刷，木地板防腐防潮	2~3元 / kg
石膏粉	遇水后具有一定的膨胀性，白度较高	各类墙面凹陷部位修补	2~3元 / kg
腻子粉	复合加工产品，黏度较大，稳定性高，可调色彩	墙面乳胶漆、壁纸基层刮涂	1~3元 / kg
原子灰	复合加工产品，黏度较大，质地细腻，可调色彩	金属、木器表面凹陷部位修补、刮涂	10~15元 / kg

1.2 普通涂料

普通涂料是家居装修中常用的材料，主要用于各种家具、构造、墙面、顶面等界面涂装，种类繁多，选购时要认清产品的性质。

1.2.1 清油

清油又称为熟油、调漆油，是采用亚麻油等软质干性油，加部分半干性植物油，经熬炼并加入适量催干剂制成的浅黄至棕黄色黏稠液体涂料。清油施于装饰构造表面，能在空气中干燥结成固体薄膜，具有弹性。

清油一般用于调制厚漆与防锈漆，也可以单独使用，主要用于木制家具底漆，是家居装修中对门窗、护墙裙、暖气罩、配套家具等木质构造进行装饰的基本油漆，可以有效地保护木质装饰构造不受污染。清油主要善于表现木材纹理，而硬木纹理大多比较美观，因此清油大多使用在硬木上，尤其是需要透木纹的面板上，这也是与混油的明显区别。清油的品种单一，常用的包装规格为每桶0.5~18kg不等。在施工时，清油可以直接涂刷在干净、光滑的木质家具、构造表面，涂刷2~3遍即可。

↑清油

↑清油涂刷

1.2.2 清漆

清漆是一种不含着色物质的涂料。清漆是以树脂为主要成膜物质，加上溶剂组成的涂料。由于涂料与涂膜均为透明质地，因而也称透明漆。清漆涂在装饰构造表面，干燥后形成光滑薄膜，能充分显露出构造表面原有的纹理、色泽。

↑醇酸清漆

↑硝基清漆

（1）醇酸清漆。醇酸清漆又称为三宝漆，是由中油度醇酸树脂溶于有机溶剂中，加入催干剂制成。醇酸清漆干燥快，硬度高，可抛光打磨，色泽光亮，耐热，但膜脆、抗腐蚀性较差，主要用于室内外金属、木材表面涂装。

（2）硝基清漆。硝基清漆又称清喷漆、腊克，是由硝化棉、醇酸树脂、增韧剂等原料，溶于酯、醇、苯类混合溶剂中制成。硝基清漆的光泽、耐久性良好，用于木材及金属表面涂装，也可作硝基漆外用罩光漆。

（3）丙烯酸清漆。丙烯酸清漆由甲基丙烯酸酯、甲基丙烯酸共聚树脂、增韧剂等原料，溶于酯、醇、苯类混合溶剂中制成。其耐候性、耐热性及附着力良好，用于涂饰各种木质材料表面。

（4）聚酯酯胶清漆。聚酯酯胶清漆由涤纶、油酸、松香、甘油等原料经熬炼后，加入催干剂、溶剂油、二甲苯制成，具有快干、漆膜光亮等特点，用于涂饰木材表面，也可作金属面罩光漆。

（5）氟碳清漆。氟碳清漆是以氟碳树脂为主要成分的常温固化型清漆，具有超耐候性与耐持久性等优异性能，可用于多种涂层与基材的罩面保护，适用于环氧树脂、聚氨酯、丙烯酸、氟碳漆等材料上光罩面与装饰保护。氟碳清漆主要用于家具、地板、门窗等装修构造的表面涂装。

↑丙烯酸清漆

↑聚酯酯胶清漆

↑氟碳清漆

传统清漆价格低廉，常用包装为0.5~10kg/桶，其中2.5kg包装产品的价格为50~60元/桶，需要额外购置稀释剂调和使用。现代清漆多用套装产品，每组包装内包括漆2kg、固化剂1kg、稀释剂2kg等3种包装，价格为200~300元/组，每组可涂刷15~25m²。

★ 清漆的鉴别与选购

↑清漆清澈透明无杂质

★ 清漆的施工

步骤1　**选购知名品牌产品**

由于清漆为密封包装，从外部很难看出产品质量，因此选购时要注意识别。一般应选用知名品牌产品，如果对产品不了解，可以先购买小包装产品。

步骤2　**看结膜性**

将购买的清漆试用于装修中的次要家具界面涂装，如果涂刷流畅，结膜性好则说明质量不错。

步骤3　**看黏稠度**

可以将清漆的包装桶提起来晃动，如果有较大的液体撞击声，则说明包装严重不足，产品缺斤少两或黏稠度过低，而正宗优质产品几乎听不到声音。

步骤1

清理材料、构造表面的灰尘与污物。然后，用0#砂纸将涂刷表面磨光，涂刷保护底漆，底漆一般也是面漆，只是清漆底层涂刷应在乳胶漆施工之前进行。

步骤2

待干透后用经过调配的色粉、熟胶粉、双飞粉调和成腻子或采用成品原子灰将钉眼、树疤掩盖掉，以求界面颜色统一，干透后用360#砂纸磨光，涂刷第2遍清漆，再次打磨后继续涂刷第3遍清漆。

步骤3

用干净的湿抹布将涂刷界面表面抹湿，然后将600#砂纸用水打湿后打磨表面，并刷第4遍清漆。

步骤4

一般而言，对于木质家具、构造共需要涂刷清漆4～6遍才会有较为平整、优质的效果，但一般不宜超过8遍。

↑可用小刷子扫除灰尘

↑打磨平整

↑细节部位可用小刷子进行涂装

↑用清漆涂装后表面十分光亮

★选材小贴士

金属清漆选购

1.注意包装

金属清漆的包装必须要有产品的品牌标识、包装材质、厂名厂址、联系方式、生产日期以及有效期等信息。

2.看黏稠度

清漆的黏稠度强弱直接关系着它的质量好坏。可以掂起油漆桶晃一晃，如果能听到油漆碰撞桶的声音，一方面是清漆分量不够，另一方面就是黏稠度较低。

3.闻气味

在选择金属清漆时，还要注意查看它的气味，并注意产品的挥发度。

1.2.3　厚漆

厚漆又称为混油，是采用颜料与各种清漆混合研磨而成的油漆产品，外观黏稠，需要加清油溶剂搅拌后才可使用。这种油漆遮覆力强，可以覆盖木质纹理与金属表面，与面漆的黏结性好，经常用于涂刷面漆前的打底，也可以单独用作面层涂刷，但是漆膜柔软，坚硬性较差，适用作对外观要求不高的木质材料打底漆与镀锌管接头的填充材料。

在家居装修中，厚漆使用简单，色彩种类单一，主要用于木质家具、构造的表面涂装，能完全遮盖木质纹理，给木质构造重新定义色彩。传统厚漆为醇酸漆，价格低廉，常用的包装为0.5～10kg／桶，其中2.5kg包装产品的价格为50～60元／桶，需要额外购置稀释剂调和使用。现代厚漆多用套装产品，每组包装内包括漆2kg、固化剂1kg、稀释剂2kg等3种包装，价格为200～300元／组，每组可涂刷15～20m^2。

厚漆的选购方法与上述清漆类似，但是厚漆的施工工艺分为喷漆、擦漆、刷漆等多种，各种工艺都有自己的特点。一般普通工艺为刷涂，其效果一般，会在漆膜上留下刷痕，不能成为高级工艺；中高级工艺都以喷漆或擦漆为主，对板材饰面的要求不是很高，一般采用木芯板衬底，松木、水曲柳或榉木等硬木收口，做装饰造型时也可以用于纤维板表面。

↓厚漆涂装家具。用厚漆涂装后的家具的厚漆漆膜容易泛黄，在施工的最后，需要加入少许黑漆或蓝漆压色，使油漆漆膜不容易在光照下泛黄

↑醇酸漆（厚漆）

↑用醇酸漆涂装金属

★选材小贴士

醇酸漆选购要点

选购醇酸漆主要应关注品牌，应当选用当地知名品牌产品，打开包装观察，黏度较高、质地均匀、无结块或黏稠不均现象的为佳。

擦漆为高级工艺，木材及底层处理需要采用原子灰局部找平，360#砂纸打磨。擦漆采用脱脂棉包上纱布，蘸上稀释好的厚漆，慢慢地在木器表面涂擦，一般涂擦遍数在3遍以上才能达到良好效果。

由于厚漆中漆料加入量不多，也没有加入催干剂，所以它比一般油漆的体积小，储存及运输都方便，使用时可以按用途加入适量的清油或是一些油性的表漆。由于木材接口处容易开裂，所以在接口处理上一定要仔细，木线条基层表面一定要干燥，最后才能达到圆满的效果。具体施工工艺与清漆类似，只是涂装一般应≤3遍，涂装过多容易开裂。

↑刷涂　　　　　　　　↑喷漆

厚漆品种、特性、价格与前面介绍的清漆一致，这里仅主要介绍最常用的硝基厚漆。硝基厚漆又称为彩色磁漆，是由硝化棉、季戊四醇酸树脂、颜料、柔韧剂以及适量溶剂配制而成，涂膜干燥快，平整光滑，耐候性好，但耐磨性差，适用于室内外金属与木质表面的涂装。

硝基厚漆

　　硝基厚漆是目前比较常见的木器及装修用油漆。硝基厚漆的主要成膜物以硝化棉为主，配合醇酸树脂、改性松香树脂、丙烯酸树脂、氨基树脂等软硬树脂共同组成，此外还会添加邻苯二甲酸二丁酯、二辛酯、氧化蓖麻油等增塑剂。

↑硝基厚漆　　　　↑硝基厚漆色板

在家居装修中，硝基厚漆主要用于木器及家具、金属、水泥等界面，一般以透明、白色为主，优点是装饰效果较好，不氧化发黄，尤其是白色硝基厚漆质地细腻、平整，干燥迅速，对涂装环境的要求不高，具有较好的硬度与亮度，修补容易；缺点是固含量较低，需要较多的施工遍数才能达到较好的效果，此外，硝基厚漆的耐久性不太好，尤其是内用硝基厚漆，其保光保色性不好，使用时间稍长就容易出现诸如失光、开裂以及变色等弊病。

硝基厚漆常用的包装为0.5～10kg／桶，其中3kg包装产品的价格为70～80元／桶，但是需要额外购置稀释剂调和使用。

↑硝基厚漆喷涂

↑施工完毕

★硝基厚漆的鉴别与选购

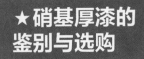

↑硝基厚漆黏稠度适中，无刺鼻气味

步骤1　选购知名品牌产品

在选购时要注意识别，一般应选用知名品牌产品，如果对产品不了解，可以先购买小包装产品。

步骤2　看结膜性

将产品试用于装修中的次要家具界面涂装，如果涂刷流畅、结膜性好则说明质量不错。

步骤3　看黏稠度

可以将硝基厚漆的包装桶提起来晃动，如果有较大的液体撞击声，则说明包装严重不足，缺斤少两或黏稠度过低。

步骤4　闻气味

硝基厚漆的固含量一般都≥40%，气味温和；劣质产品的固含量仅在20%左右，气味刺鼻。

★硝基厚漆的施工

↑加入稀释剂后搅拌均匀

↑表面打磨平整

↑涂刷细致均匀

↑每遍喷涂轻薄，多次喷涂

步骤1　运输

硝基厚漆在运输时应防止雨淋、日光曝晒，避免碰撞，产品应存放在阴凉通风处，防止日光直接照射，并隔绝火源、远离热源。

步骤2　均匀搅拌

硝基厚漆在使用前应将漆搅匀，如有漆粒或杂质，必须进行过滤清除，可用丝袜作为过滤网。

步骤3　清理基层

施工前应将被涂物表面彻底清理干净，如果空气湿度大、漆膜易出现发白现象，应加入硝基防潮剂调整硝基厚漆的黏稠度。

步骤4　增加稀释剂

在施工过程中，如果条件允许，还可以加入稀释剂来降低硝基厚漆的黏稠度，一般主要以喷涂施工为主。

步骤5　涂刷遍数

施工时间以10min左右为宜，用量为8～10m² / kg，一般应涂刷6～8遍。

↑墙面展示隔板采用白色硝基厚漆喷涂，适用于摆放各种物件，具有耐磨损、方便清洁的功能

1.2.4 水性木器漆

水性木器漆是以水作为稀释剂的漆，又称为水溶性漆，以水溶性树脂为成膜物，添加聚乙烯醇及其各种改性物制成。传统油性漆的相对硬度更高、丰满度更好，但是水性木器漆的环保性更好。传统油性漆使用的是有机溶剂，通常称作天那水或香蕉水，会污染环境，还能燃烧。

水性木器漆具有无毒环保、无气味、可挥发物极少、不燃不爆的高安全性、不黄变及涂刷面积大等优点。

（1）丙烯酸水性木器漆。丙烯酸水性木器漆的主要特点是附着力好，不会加深木器的颜色，但耐磨及抗化学性较差，漆膜硬度较软，丰满度较差，综合性能一般，施工易产生缺陷；其优点是价格便宜。

（2）聚氨酯水性木器漆。聚氨酯水性木器漆的综合性能优越，丰满度高，漆膜硬度强，耐磨性能甚至超过油性漆，其使用寿命、色彩调配等方面具有明显优势，属于高级产品。

（3）丙烯酸树脂与聚氨酯水性木器漆。这种产品它除了继承丙烯酸水性木器漆的特点外，又增加了耐磨及抗化学性强的特点，漆膜硬度较好，丰满度较好，综合性能接近油性漆。

↑水性木器漆

↑水性木器漆涂装样本

↑水性木器漆调和

↑水性木器漆涂刷

在家居装修中，水性木器漆主要用于各种木质家具、构造的表面涂装。虽然水性漆具有环保性好、漆膜效果好等优点，但是单组分水性漆的硬度、耐高温等性能与传统的油性清漆还存在一定差距。一般用于不太重要的装饰构造上，如家具的侧部板材，而用于台面、桌面等部位容易受磨损。

水性木器漆常用的包装为0.5～10kg／桶不等，其中2.5kg包装产品的价格为200～400元／桶。在施工中可以加清水稀释，但是加水量一般应≤20%。

★水性木器漆
的鉴别与选购

★水性木器漆
的施工

↑水性木器漆涂刷前要反复打磨表面，达到较高的平整度方可进入下一步施工

↑水性木器漆以刷涂为主，避免产生较大浪费

水性木器漆的选购方法与清漆类似，正宗水性木器漆是用清洁的自来水稀释的，无论是主剂还是固化剂在打开包装后都基本闻不出气味，或只有非常轻微的气味。如果打开包装后能闻到明显的气味，或是包装的说明上及经销商的要求中指出需要专用稀释剂或酒精类物质稀释，那就一定不是正宗产品。

步骤1 施工环境

水性木器漆的施工方法与清漆类似，施工温度条件为10～30℃，相对湿度50%～80%，过高或过低的温度、湿度都会导致涂装效果不良，如出现流挂、橘皮状、气泡等。水性木器漆与待涂面的温度应一致，不得在冷木材上涂漆。水性木器漆可在阳光下施工与干燥，但是要避免在热表面上涂漆。在垂直面上涂装时，应加5%～20%的清水稀释后喷涂或刷涂，喷涂要薄，刷涂时蘸漆量宜少且也要薄涂，以免流挂，薄层应多道施工。

步骤2 施工细节

水性木器漆一般涂装3～4遍即可达到良好的效果，如果要求高丰满度，涂装遍数还应增加，每遍之间不仅要进行打磨，还应适当延长干燥时间，达4h以上为佳。水性木器漆施工后通常干燥7d后才能达到最终强度，在此之前已涂装的木器构造应小心养护，不能叠压、覆盖、碰撞，以免表面涂装受到损伤而影响效果。

←水性木器漆适用于卧室等封闭性较强的室内构造，如床头背景墙板等，这些构造不容易被碰到

水性木器漆与聚酯酯胶清漆性能对比一览

对比项目	水性木器漆	聚酯酯胶清漆
实物图		
外观颜色	乳白色	淡黄色
所选用的稀释剂	水	香蕉水
VOCs含量	80g/L	650g/L
具体可用的刷涂面积	$20\sim22m^2/kg$	$14\sim15m^2/kg$
成膜方式	自交联	固化剂
毒害性	无	强烈
耐黄变性能	好	最差
柔韧性能	最好	最差
透明度	清澈、透亮	微黄
对白漆的遮盖能力	优秀	优秀
手感	爽滑	爽滑
附着力	小于1级	小于1级
耐冲击性能	无白点，不会产生断裂的情况	有白痕，且有断裂的情况
打磨性能	易打磨	打磨性能低于水性木器漆

1.2.5 乳胶漆

乳胶漆又称为合成树脂乳液涂料，是有机涂料的一种，是以合成树脂乳液为基料，加入颜料、填料及各种助剂配制的水性涂料。

↑哑光漆

↑丝光漆

乳胶漆干燥速度快，在25℃时，30min内表面即可干燥，120min左右就可以完全干燥。乳胶漆耐碱性好，涂于碱性墙面、顶面及混凝土表面，不返黏，不易变色，色彩柔和，漆膜坚硬，表面平整无光，观感舒适，色彩明快且柔和，颜色附着力强。乳胶漆调制方便，易于施工，可以用清水稀释，能刷涂、滚涂、喷涂，工具用完后可用清水清洗，十分便利。

乳胶漆根据生产原料的不同，主要分为聚醋酸乙烯乳胶漆、乙丙乳胶漆、纯丙烯酸乳胶漆、苯丙乳胶漆等品种；根据产品适用环境的不同，分为内墙乳胶漆与外墙乳胶漆两种；根据装饰的光泽效果，又可分为哑光、丝光、有光、高光等类型。在家居装修中，多采用内墙乳胶漆，主要用于涂装墙面、顶面等室内基础界面。

（1）哑光漆。哑光漆无毒、无味，具有较高的遮盖力、良好的耐洗刷性、附着力强、耐碱性好、安全环保、施工方便、流平性好，是目前家居装修的主要涂料品种。

（2）丝光漆。丝光漆涂膜平整光滑、质感细腻，具有丝绸光泽、遮盖力高、附着力强、抗菌防霉、耐水耐碱等优良性能，涂膜可洗刷，光泽持久，适用于卧室、书房等小面积空间。

↑乳胶漆（一）

↑乳胶漆（二）

↑ 固底漆

↑ 罩面漆

（3）有光漆。有光漆色泽纯正、光泽柔和、漆膜坚韧、附着力强、干燥快、防霉耐水、耐候性好、遮盖力高，适用于客厅、餐厅等大面积空间。

（4）高光漆。高光漆具有卓越的遮盖力，坚固美观，光亮如瓷，同时有很高的附着力、高防霉抗菌性能，耐洗刷、涂膜耐久且不易剥落，坚韧牢固，主要适用于别墅、复式等高档豪华住宅。

（5）固底漆。固底漆能有效地封固墙面，耐碱防霉的涂膜能有效地保护墙壁，具有极强的附着力，能有效防止面漆咬底龟裂，适用于各种墙体基层。

（6）罩面漆。罩面漆的涂膜光亮如镜，耐老化，极耐污染，内外墙均可使用，污点一洗即净，适用于厨房、卫生间、餐厅等易污染的空间。

↑ 有光漆装饰效果

↑ 丝光漆装饰效果

乳胶漆常用的包装为3~20kg／桶，其中20kg包装产品的价格为150~400元／桶。知名品牌产品还有配套组合套装产品，会配置相应的固底漆与罩面漆，价格为800~1200元／套。乳胶漆的用量一般为12~18m²／L，涂装2遍。

★乳胶漆的鉴别与选购

步骤1　掂重量

取乳胶漆样品，掂量包装，1桶5L包装的乳胶漆约为8kg，1桶18L包装的乳胶漆约为25kg。

步骤2　听声音

可以将桶提起来摇晃，优质乳胶漆晃动一般听不到声音，很容易晃动出声音则证明乳胶漆黏稠度不高。

步骤3　观察黏稠度

可以购买1桶小包装产品，打开包装后观察乳胶漆，优质产品细腻润滑。还可以用手触摸乳胶漆，优质产品比较黏稠，呈乳白色液体，无硬块，搅拌后呈均匀状态。

步骤4　闻气味

可以闻一下乳胶漆，优质产品有淡淡的清香；而伪劣产品具有泥土味，甚至带有刺鼻气味，或无任何气味。

↑挑起乳胶漆。可以用木棍挑起乳胶漆，优质产品的漆液会自然垂落，且能形成均匀的扇面，不会断续或滴落

↑拿捏黏稠度。取少量漆液，如果漆液能在手指上均匀涂开，并能在2min内干燥结膜，且结膜有一定的延展性，则该乳胶漆为优质品

步骤5　查看标识

认清商品包装上的标识，特别是厂名、厂址、产品标准号、生产日期、有效期及产品使用说明书等，最好选购通过ISO14001和ISO9000体系认证的企业的产品。

↑乳胶漆色板（一）

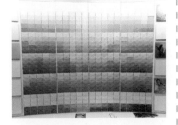

↑乳胶漆色板（二）

↑调色机

↑水粉颜料

→彩色乳胶漆适用于各种类型的墙面，但前提是一般搭配白色或浅色家具

　　现在生活品质提高了，乳胶漆早已不是以往单调的白色。许多装修业主希望墙面色彩有所变化，乳胶漆可以调制出各种色彩。知名品牌乳胶漆的经销商都提供调色服务，费用为购置产品费的5%左右，而且调色前经销商会提供色板参考，采用专业机械调色，精准度高，可以多次调色，色彩效果统一。

　　装修业主也可以购买彩色颜料自行调色，在文具店或美术用品商店购买水粉颜料，加清水稀释后逐渐倒入白色乳胶漆中，搅拌均匀即可。调色时应注意，所调配的颜色应比预想的色彩要深些，因为乳胶漆涂装完毕干燥后会颜色变浅。在家居装修中，一般只对墙面颜色作改变，而顶面仍用白色，这样会更有层次，调配出较深的颜色一般只适用于局部涂装，或在某一面墙上涂装，避免产生空间变窄的不良效果。乳胶漆调配颜色一般以中浅程度的黄色、蓝色、紫色、橘红、粉红为主，不宜加入灰色、黑色。

★乳胶漆的施工

↑对满刮腻子的墙面基础进行打磨

↑调配颜色

↑使用小刷子刷涂边缘，注意边角要涂刷到位

步骤1　基层清洁

乳胶漆在施工前应先除去墙面所有的起壳、裂缝，并用腻子补平，清除墙面各种残浆、垃圾、油污。

步骤2　涂刷腻子

采用成品腻子满刮墙面、顶面2遍，采用360#砂纸打磨平整并将粉末扫除干净，然后用羊毛刷涂刷边角部位，等2～3h后再大面积地用滚筒滚涂。

步骤3　施工顺序

对于潮湿地区，施工时应先涂底漆，等6h左右，底漆完全干透后再刷面漆。

步骤4　施工环境

避免在雨雾天气施工，一般在温度25℃、湿度50%环境下施工最佳。

步骤5　做好防水措施

涂料在涂刷时与干燥前必须防止雨淋及尘土污染，注意不宜在墙表温度低于10℃的情况下施工。

步骤6　仔细打磨

待第1遍涂装完全干燥后，用600#砂纸将局部不平整部位再次打磨，并将粉末扫除干净。

步骤7　二次涂刷

进行第2遍涂装。第2遍涂装一般应加20%清水搅拌均匀后再施工，这样能保证乳胶漆表面自流平整，乳胶漆一般涂装2～3遍即可。

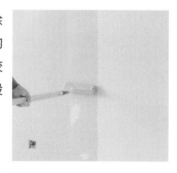

↑大面积的涂刷可以采用滚筒进行滚涂

★ 选材小贴士

乳胶漆的调色技巧

乳胶漆调色时需小心谨慎，一般先试小样，初步求得应配色涂料的数量，然后根据小样结果再配制大样，建议先在小容器中将副色和次色分别调好。在配色时，涂料和干燥后的涂膜颜色会存在细微的差异，如果是干样板，则配色漆需等干燥后再进行测色比较。配色时要先加入主色，再将染色力大的深色慢慢地、间断地加入，并不断搅拌，随时观察颜色的变化，注意由浅入深，切忌过量。此外，在调配颜色过程中，注意所要添加的辅助材料具体有哪些。

乳胶漆涂装使用的材料品种、颜色应符合设计要求，涂刷面颜色一致，不允许有透地、漏刷、掉粉、皮碱、起皮、咬色等质量缺陷。使用喷枪喷涂时，喷点疏密均匀，不允许有连皮现象，不允许有流坠，手触摸漆膜应光滑、不掉粉，同时能保持门窗及灯具、家具等洁净，无涂料痕迹。

乳胶漆的施工方法主要有刷涂、滚涂、喷涂。刷涂主要采用羊毛刷施工，该方法优点是刷痕均匀；缺点是容易掉毛，而且效率低下。滚涂比较节省材料，但是对边角地区的涂刷不到位，而且容易产生滚痕，影响美观。喷涂分为有气喷涂与无气喷涂两种方式，主要是借助喷涂机来完成施工，优点是施工效率高，漆膜平滑；缺点是雾化严重，容易喷到其他界面上，比较浪费乳胶漆。

↑墙面是彩色乳胶漆，顶面和顶角装饰线条还是要保持白色，否则会让人感到压抑

→具有功能性的家具，如电视背后的储物柜就属于功能家具，经常开启、关闭，不适合使用乳胶漆，因为乳胶漆不耐磨损且易被污染

↑较浅的乳胶漆墙面往往搭配深色家具与深色地板，形成较强烈的对比

↑较深的乳胶漆墙面往往只涂刷整个空间的某1~2面墙，往往搭配浅色家具与浅色地砖

★选材小贴士

不同空间适用的乳胶漆色彩

　　客厅选择以浅色调为主的色系，这样显得大气、庄重；卧室选用有助于睡眠的浅蓝、米色、暖黄色；餐厅选择红、橙、黄等温煦的色彩，也可搭配少量的鲜艳色彩。

普通涂料一览●大家来对比●

品　种	性　能　特　点	适用部位	包装与价格
清油	透明度一般，质地均衡，能加工成其他各种油漆	室外原木家具、构造表面涂刷	5kg 50～60元 / 桶
醇酸清漆	质地黏稠，遮盖性较强，封闭性好，涂装不平整，干燥慢，价格较低	室内外家具、构造表面涂装，金属表面防锈	2.5kg 50～60元 / 桶
硝基清漆	质地单薄，涂装平整光滑，遮盖力弱，需要多次涂装，干燥快，单价适中，施工成本高	室内高档家具、构造表面涂装	3kg 70～80元 / 桶
丙烯酸清漆	质地较清澈，涂装平整光洁，挥发干燥快，价格较高	室内家具、构造表面外罩涂装	2.5kg 200～400元 / 桶
聚酯醇胶清漆	质地较清澈，涂装平整光洁，易起白膜，需稀释后使用，干燥快，价格较高	室内家具、构造表面涂装	5kg 200～300元 / 组
氟碳清漆	质地较黏稠，涂装平整光洁，需稀释后使用，干燥快，价格较高	室外家具、构造表面涂装	2.5kg 200～400元 / 桶
水性木器漆	质地单薄、清澈，遮盖力弱，需要多次涂装，不易泛黄、起皮、开裂，价格较高	金属、木器表面凹陷部位修补、刮涂	2.5kg 200～400元 / 桶
乳胶漆	质地均匀，遮盖力强，较环保，价格低廉，不同品牌产品差价较大，质量识别难度大	室内墙面、顶面涂装	20kg 150～400元 / 桶

1.3 装饰涂料

装饰涂料是除普通涂料以外的小品种产品，常用于具有特色设计风格的住宅空间，涂装面积不大，但是能顺应设计风格，给家居装修带来不同的韵味。

1.3.1 仿瓷涂料

仿瓷涂料又称为瓷釉涂料，是一种装饰效果类似瓷釉饰面的装饰涂料。主要生产原料为溶剂型树脂、水溶性聚乙烯醇、颜料等。根据组成仿瓷涂料主要成膜物的不同，可分为溶剂型仿瓷涂料和水溶型仿瓷涂料。

（1）溶剂型仿瓷涂料。溶剂型仿瓷涂料的主要成膜物是溶剂型树脂，包括氨基树脂、丙烯酸聚氨酯树脂、有机硅改性丙烯酸树脂等，并加以颜料、溶剂、助剂而配制成具有多种颜色且带有瓷釉光泽的涂料。其涂膜光亮、坚硬、丰满，酷似瓷釉，具有优异的耐水性、耐碱性、耐磨性、耐老化性，且附着力强。

↑仿瓷涂料

↑仿瓷涂料腻子

（2）水溶型仿瓷涂料。水溶型仿瓷涂料的主要成膜物为水溶性聚乙烯醇，并加入增稠剂、保湿助剂、细填料、增硬剂等配制而成，其饰面外观较类似瓷釉，用手触摸有平滑感，多以白色涂料为主。

因采用刮涂方式施工，水溶型仿瓷涂料涂膜坚硬致密，与基层有一定粘接力，一般情况下不会起鼓、起泡。如果在水溶型仿瓷涂料的涂膜上再涂饰适当的罩光剂，则其耐污染性及其他性能都有提高。但是水溶型仿瓷涂料的涂膜较厚，不耐水，安全性能较差，施工较复杂，属于限制使用产品。

仿瓷涂料常用的包装为5～25kg／桶，其中15kg包装的产品价格为60～80元／桶。仿瓷涂料不但在家居装修中运用广泛，而且在工艺品中也可以起到很好的效果，其喷涂效果可以达到逼真的程度。

★仿瓷涂料的
鉴别与选购

步骤1　**依据区域选购**

不同的区域对涂料的要求是不同的，卫生间、厨房等比较潮湿的区域可以选择耐水性较好的仿瓷涂料，而卧室、客厅等区域可以选择装饰效果比较好的涂料。

步骤2　**依据色彩要求选购**

当作为内墙装饰用品时，仿瓷涂料的装饰效果就变得比较重要了，要选择色彩淡雅清新的涂料，这样和家具也会比较协调。

步骤3　**依据基层选购**

对于不同的涂层要选择不同的仿瓷涂料，涂料要有良好的耐碱性和遮盖性，对于石灰和石膏墙面，不建议选择仿瓷涂料。

步骤4　**选黏稠度高的产品**

仿瓷涂料要选购黏稠度高的产品，这样的产品附着力更强，可用手感知产品的黏稠度，其黏稠度应当明显高于常见胶水。

★仿瓷涂料的施工

↑仿瓷涂料粉末

↑仿瓷涂料装饰效果

步骤1

水溶型仿瓷涂料施工时务必保持施工环境干净。按一般的基层处理方法将基层处理干净，不能有任何灰尘，不能与其他涂料混用。采用喷涂工艺时，施工过程中必须防水、防潮、通风、防火。

步骤2

用0.3mm厚的弹性刮板进行涂料的刮涂，待第1遍彻底干燥后再刮涂第2遍，等第2遍涂膜干到不粘手但还未完全干透时用抹子压光，压光时可用抹子沾原涂料的基料，多次用力压光。

步骤3

等待涂膜完全干燥后，边角不整齐处要用细砂纸打光。装饰面要有光泽，手感平滑，与瓷砖表面类似。

步骤4

水溶型仿瓷涂料施工难度比较大，如果不涂抹罩面涂料，饰面容易被污染，而且不易除去。

↑仿瓷涂料应用于墙面

↑不同色彩的仿瓷涂料

⚠ 选材小贴士

仿瓷涂料的清洁与保养

在完成仿瓷涂料的施工后，要保持室内空气的流通，还可以在家中放置加湿器，提高空气的湿度。为保证产品的使用效果及家人健康，一定要选购正规产品。

1.3.2　发光涂料

发光涂料又称为夜光涂料，是具有发射出荧光的特性的涂料，能在夜间起到指示作用，主要原料为成膜物质、填充剂、荧光颜料等。发光涂料一般分为蓄光性发光涂料与自发性发光涂料两种。

↑ 发光涂料

★发光涂料的鉴别与选购

（1）蓄光性发光涂料。蓄光性发光涂料是由成膜物质、填充剂、荧光颜料等组成，它之所以能发光是因为其中含有荧光颜料。当荧光颜料中的硫化锌受光照射后会被激发、释放能量，夜间或白天都能发光，明显可见。

（2）自发性发光涂料。自发性发光涂料除了含有蓄光性发光涂料的组分外，还加有少量放射性元素。当荧光颜料的蓄光能力消失后，因放射物质放出射线，涂料会继续发光。因而这类涂料对人体有害。

发光涂料具有耐候性、耐光性、耐温性、耐化学稳定性、耐久性、附着力强等优良物化性能，可用于各种基材表面涂装。发光亮度分为高、中、低3种，发光颜色为黄绿、蓝绿、鲜红、橙红、黄、蓝、绿、紫等。

发光涂料一般用于面积较大的门厅、客厅、过道等采光较弱的空间。发光涂料常用的包装为0.1~1kg／罐，其中1kg包装的产品价格为80~120元／罐。

步骤1　正确认识发光原理

查看发光涂料的包装说明，一般选购具有储光功能的发光涂料，不选用自发性发光涂料，避免有放射性危害。

步骤2　合理选择色彩

虽然色彩是根据设计方案来决定的，但是也要注意，一般不选紫色或与之接近的颜色，因为紫色发光涂料会产生不同程度的紫外线，对人体有危害。

步骤3　注意黏稠度

发光涂料的黏稠度要大于常规乳胶漆，因为里面含有固态发光物质。过于稀稠的发光涂料，储光性能很弱。但是涂料的黏结强度与常规乳胶漆一致，并不会像胶水一样具有很强的黏性。

★发光涂料的施工

步骤1

发光涂料在施工前必须充分搅匀，被涂基材应先涂白色底漆再涂发光涂料，以此提高发光亮度。若在发光层上再涂1层透明涂料，可提高表层的光泽度、强度及耐候性。

步骤2

发光涂料可以采用刷涂、滚涂、喷涂、刮涂、淋幕喷涂等方式施工。

步骤3

当发光涂层达到一定厚度时，才能获得较为理想的发光亮度，因此发光涂层的厚度最少应大于1mm。

步骤4

可根据施工方法调整发光涂料的黏度，并在每次使用前将发光涂料搅拌均匀。

↑搅拌要均匀，注意沿同一方向搅拌

↑喷涂可便于大面积的涂刷

↑不同色彩的色卡能够提供更多选择

↑发光涂料涂刷后能产生流光溢彩的装饰效果

1.3.3 绒面涂料

绒面涂料又称为仿绒涂料，是采用丁苯乳液、方解石粉、轻质碳酸钙粉及添加剂等混合搅拌而成。业主可根据实际经济水平与设计要求来选用不同配方的产品。此外，绒面涂料还具有耐水洗、耐酸碱、施工方便、装饰效果好等特点。

↑绒面涂料纤维

★ 绒面涂料的鉴别与选购

绒面涂料是一种低成本、无污染的新型装饰材料，是由独特的着色粒子与高分子合成乳液通过特殊加工工艺合成。涂装后，涂层呈均匀凸凹状，仿佛鹿皮绒毛的外观，给人以柔和滑润、华贵优雅之感。由于采用多种着色粒子，绒面涂料具有一般涂料无法显现的色彩。水性绒面涂料无毒、无味、无污染，具备优良的耐水性、耐酸碱性。

绒面涂料可广泛应用于室内墙面、顶面、家具表面的涂装，能用于木材、混凝土、石膏板、石材、墙纸、灰泥墙壁等不同材质的表面。绒面涂料常用包装为1～2.5kg／桶，其中1kg包装的产品价格为60～100元／桶，可以涂装界面3～4m^2。

↑绒面涂料

↑绒面涂料效果

步骤1 **分组包装**

绒面涂料产品应当分组包装，绒质纤维与调和溶剂分别单独包装，在施工时才混合在一起。

步骤2 **色彩应当鲜艳**

打开产品包装后，绒质纤维色彩应当鲜艳，色彩纯度高，否则经过调和之后就会变得很灰暗，不具备装饰效果。

步骤3 **纤维不断裂**

绒质纤维应当不容易断裂，即使用手拉扯也不容易断裂，如果容易断裂，在施工时容易变成粉末状，失去绒面涂料的装饰效果。

★绒面涂料的施工

↑选择合适的砂纸进行适当的摩擦

↑使用喷枪时要注意做好相关防护措施

步骤1　清理基层

施工前要清除干净基层表面的油污、灰尘，对不平整处与缝隙处要采用成品腻子刮平，并用360#砂纸将表面磨光，表面干燥后才能进行绒面涂料施工。

步骤2　涂刷底漆

刷、滚涂1遍乳胶漆后，应采用360#砂纸打磨平整，将绒面涂料用干净的竹片、木棒搅拌均匀，可加少量清水稀释，但加水量应≤5%。

步骤3　喷涂施工

将绒面涂料倒入喷枪容器，由左向右、从上往下进行喷涂，喷嘴距墙面300～400mm。若距离太近涂料会飞溅出来，既影响质量，又浪费材料；距离太远不易显示绒感，涂料浪费也多。喷涂时以2～3人/组为好，操作工人太多，既影响工效，又会影响涂料的均匀性与绒感。

步骤4　注意喷涂遍数

施工时要注意每遍喷涂不宜太多，只能轻飘喷涂，否则易失去绒感，每喷涂1遍要待干燥后再喷第2遍，不能接连不断地喷涂。

步骤5　注意喷涂间隔时间

每次喷涂间隔时间视气候而定，一般为1～3h。一般经喷涂3～4遍即显示出较强的绒感，最后，当喷涂涂层出现小疙瘩时，待其干燥后用360#砂纸将小疙瘩磨光。

步骤6　刮涂施工

除了喷涂，还可以采取刮涂方法施工。将涂料调和好后，用刮板平整地刮在墙面上，不断压平整齐，不要漏底。

步骤7　保存维护

绒面涂料取料后，应将桶盖盖好，以免桶中涂料表面结皮，应避免在雨天或低温（＜3℃）环境下施工。

★选材小贴士

绒面涂料使用注意事项

　　绒面涂料在使用过程中一定要注意防潮，在施工前一定要严格清理施工界面，确保施工界面没有灰尘残留；要提前处理好表面的坑坑洼洼，施工时涂刷要均匀，并做好后期处理，以免涂刷后的界面出现起泡、脱落等现象。

1.3.4　肌理涂料

　　肌理涂料又称为肌理漆、马来漆、艺术涂料，肌理是指物体表面的组织纹理结构，即各种纵横交错、高低不平、粗糙平滑的纹理变化，是呈现物象质感，塑造并渲染形态的重要视觉要素，其装饰效果源于油画肌理。

　　肌理涂料是一种全新概念的内墙装饰材料，主要原料为丙烯酸聚合物、精细填料、防腐剂及其他添加剂。肌理涂料是在普通的乳胶漆墙面上生成装饰涂层，花纹可细分为冰菱纹、水波纹、石纹等各种效果，花纹清晰，纹路感鲜明，在此基础上又有轻微的凹凸感。肌理涂料造型柔和，立体效果明显，又有很好的吸声功能，配合不同的罩面漆可以有丰富的表现力，其柔滑光泽的饰面具有高雅、薄雾般的效果。

　　肌理涂料用于家居装修中，所形成的视觉肌理与触觉肌理效果独特，可逼真表现布格、皮革、纤维、陶瓷砖面、木质表面、金属表面等装饰材料的肌理效果，主要用于电视背景墙、沙发背景墙、床头背景墙、餐厅背景墙、玄关背景墙、吊顶与灯槽内部顶面，适用于高档住宅装修。

　　肌理涂料常用的包装规格为5～20kg／桶，其中5kg包装的产品价格为100～150元／桶，高档产品成组包装，附带有光泽剂、压花滚筒、模板等工具。

步骤1　分组包装

　　高端肌理涂料产品应当分组包装，肌理纤维与调和溶剂分别单独包装，在施工时才混合在一起。

步骤2　不应当有刺鼻气味

　　有刺鼻气味的肌理涂料中增加了过多的溶剂，目的在于更好地融合肌理固态材质，这说明这些固态材质质地较硬，施工完毕后的触感不佳。

★肌理涂料的鉴别与选购

↑肌理涂料

↑肌理涂料效果

肌理涂料的施工方法与乳胶漆类似，待底漆涂装完毕后、完全干燥之前，用压花滚筒、模板在涂装界面上压印纹理，待完全干燥后涂刷1层光泽剂即可。肌理涂料一般只对某一面主题背景墙作涂装，要避免大面积使用，对墙面基层的处理要求也很高，要防止起泡、脱落。具体来说，肌理涂料主要有三种施工方法，主要是滚涂法、刷涂法和喷涂法。

（1）滚涂法。滚涂法与墙面漆滚涂施工是一样的，用蘸取漆液的毛辊做W形轨迹运动，将涂料施工于底层，然后用毛辊紧贴底层上下、左右地来回翻滚，使其均匀散开，最后再用毛辊蘸取漆液按照一定方向滚满一遍，注意阴角及上下口区域要用排笔刷涂好。

（2）刷涂法。刷涂比较简单，一般是使用小刷子直接按照先上后下、先左后右、先难后易以及从边到边的顺序进行具体的涂刷，涂刷时要注意边角部位的处理，保证每个部位均被涂刷到。

（3）喷涂法。喷涂是通过喷枪施工的，喷枪的压力最好控制在0.4～0.8MPa，施工时喷枪与墙面要保持平行，两者之间的距离要控制在500mm左右，并进行匀速平行移动，两行之间的堆叠宽度不能超过喷涂宽度的三分之一。

↑滚涂

↑刷涂

★肌理涂料的施工

↑木质基层表面有结疤需提前处理好

↑肌理涂料涂刷具有良好的装饰效果

步骤1 清理基层

肌理涂料在施工前要注意先将墙面处理干净，保证平整，保证无污染，如果是作用在木质底层，要先做好底层的结疤处理，有松脂部位就用虫胶漆封闭，有钉眼的话就用油性腻子填补。

步骤2 打磨平整

腻子完全干燥之后，再进行打磨以使基层平整，由于浮雕层本身就是凹凸状态，因此对基层平整度的要求相对平涂工艺要低，可以适当减少打磨的遍数和细腻程度。

步骤3 注意养护外墙

外墙腻子为水泥体系的，同样需要进行养护，一般时间为14天，直到其pH值小于10、含水率小于10%后方可进行下一步的施工。

步骤4 涂刷封闭底漆

涂刷封闭底漆前应将基层打磨平整，清理浮尘，施工工具应保持清洁，确保封闭底漆不受到任何污染，不应带任何杂物。

步骤5 涂刷面漆

待封闭底漆干燥后，再涂装肌理漆，一般采用刮涂或喷涂的施工方式，喷涂施工时应注意控制产品施工的黏度、气压、喷口大小、距离等，如遇有风天气应停止施工。

★选材小贴士

肌理涂料如何获得更好的装饰效果

肌理涂料施工的好坏与所选用的腻子粉和底漆等也有很大的关系，要想得到更好的装饰效果，一定要认真选购这些基础材料。此外，还与刮板的形体、施工技法有关，施工人员应当具备一定的创造性才能变换出不同的装饰效果。

1.3.5 裂纹漆

裂纹漆是由硝化棉、颜料、体质颜料、有机溶剂、辅助剂等研磨调制而成的可形成各种颜色的油漆产品,它是在硝基漆的基础上发展而来的新产品,又称为硝基裂纹漆。

★裂纹漆的鉴别与选购

裂纹漆具有硝基漆的基本特性,属挥发性自干油漆,无须加固化剂,干燥速度快。裂纹漆粉性含量高,溶剂的挥发性大、收缩性大、柔韧性小,喷涂后内部应力能产生较高的拉扯强度,形成良好、均匀的裂纹图案,增强涂层表面美观度,提高装饰性。

在家居装修中,裂纹漆可用于家具、构造的局部涂装,或用于背景墙的局部涂装。裂纹漆的包装规格为5kg／组,其中包括底漆、裂纹面漆等组合产品,价格为200～300元／组。另有底漆与裂纹面漆分开包装的产品单独销售。

步骤1 分组包装

裂纹漆为多组分产品,高档产品配有固化剂、罩面漆、裂纹水等产品。施工黏度可用同厂生产的适量配套裂纹水来调节,以便施工。将调节好的裂纹漆充分搅匀,过滤后即可施工。

↑裂纹漆

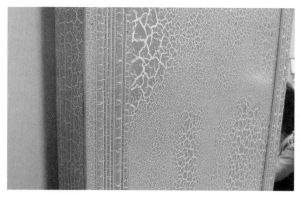

↑裂纹漆效果(一)

↑裂纹漆效果(二)

★ 裂纹漆的施工

步骤1　注意控制施工环境

裂纹漆的漆液是现配现用的，一经配制，建议在2h内用完，最多不要超过4h，并且要控制好施工环境的温度。裂纹漆对温度要求较高，不同的温度可能导致纹路开裂不均匀或裂纹过大或过小等现象。

步骤2　确定好施工顺序

裂纹漆一般是先施工底漆，然后使用裂纹漆配套底漆涂刷，等底漆干燥之后，再涂刷裂纹面漆。可采用同厂生产的底漆，也可以用质感漆、肌理漆等有色底漆，一般来说底漆与面漆二者颜色反差越大，立体感越强，效果越好。

步骤3　与底漆配合施工

如果裂纹漆与底漆配合得协调，则可以得到很好的花纹、色彩。喷涂裂纹面漆时，须在底漆干燥后施工（25℃，6h以上），否则会影响裂纹。最后再用半亚光、亚光漆或双组分PU光油（即清漆）在裂纹漆表面罩面。裂纹漆施工一般以喷涂施工效果最佳，裂纹纹理圆润自然、均匀立体；如采用手刷施工则裂纹会受刷漆时的手势、方向不均匀变换的影响，产生裂纹纹理不均匀、粗糙死板的感觉。

步骤4　使用后处理

裂纹漆使用后，必须马上密封，以免挥发、吸潮变质，影响使用效果。

裂纹漆基础界面的施工方法与普通硝基漆一致，只是一般以喷涂施工效果最佳，裂纹纹理圆润自然、均匀立体。如果采用刷涂施工，则裂纹会受刷漆时的手势、方向不均匀的影响，产生裂纹纹理不均匀的效果。喷涂后约50min即可自行产生裂纹效果，在裂纹下面能露出底漆的颜色。

↑裂纹漆搅拌

↑裂纹漆装入喷壶

1.3.6 硅藻涂料

硅藻涂料是以硅藻泥为主要原材料，添加多种助剂的粉末装饰涂料。硅藻是生活在数百万年前的一种单细胞的水生浮游类生物，沉积水底后经过亿万年的积累与地质变迁成为硅藻泥。硅藻泥是一种天然环保的内墙装饰材料，可以用来替代壁纸或乳胶漆。

硅藻涂料本身无任何的污染，不含任何有害物质及有害添加剂，为纯绿色环保产品。硅藻涂料具备独特的吸附性能，可以有效去除空气中的游离甲醛、苯、氨等有害物质，以及因宠物、吸烟、垃圾所产生的异味，可以净化空气。

硅藻涂料由无机材料组成，因此不燃烧，即使发生火灾，也不会放出任何对人体有害的烟雾。当温度上升至1300℃时，硅藻涂料只是出现熔融状态，不产生有害气体等烟雾。硅藻涂料具有很强的降低噪声功能，其功效相当于同等厚度的水泥砂浆的2倍以上，不易产生静电，墙面表面不易落尘。

在现代家居装修中，硅藻涂料适用于各种背景墙，卧室、书房、儿童房等空间的墙面涂装，具有良好的装饰效果，适用于别墅、复式住宅装修。硅藻涂料为粉末装饰涂料，在施工中加水调和使用。硅藻涂料主要有桶装与袋装两种包装，桶装规格为5～18kg／桶，5kg包装的产品价格为100～150元／桶。袋装价格较低，袋装规格一般为20kg／袋，价格为200～300元／袋，用量一般为1kg／m²。

↑硅藻涂料调和

↑硅藻涂料

★ **硅藻涂料的鉴别与选购**

步骤1 **选择知名品牌**

应选择知名品牌产品，选择有独立门店且在当地口碑较好的品牌。

步骤2 **看手感**

优质的硅藻涂料粉末不吸水，用手拿捏应为特别干燥的感觉。如果条件允许，可以取适量硅藻涂料粉末放入水中，经过充分搅拌，如果硅藻能够还原成泥状，则为真硅藻泥，反之为假冒产品。

步骤3 **看吸附性**

由于硅藻涂料具有吸附性，可以在干燥的600mL纯净水塑料瓶内放置约50%容量的硅藻涂料粉末，将香烟烟雾吹入其中而后封闭瓶盖，不断摇晃瓶身，约10min后打开瓶盖仔细闻一下，正宗产品应该基本没有烟味。

↑硅藻涂料效果（一）

↑硅藻涂料效果（二）

★ **硅藻涂料的施工**

步骤1 **调和搅拌**

按照包装说明书在搅拌容器中加入一定比例的清水，然后倒入硅藻涂料干粉，浸泡5min后用电动搅拌机搅拌大约10min，搅拌时可加入约10%的清水调节黏稠度，使其成为泥性涂料，必须要注意只有充分搅拌均匀后方可使用。

当今普通住宅等也纷纷开始采用硅藻泥产品，在内外壁墙、天花板等地方都有硅藻泥壁材的施工实例。

步骤2　界面处理

硅藻涂料在施工时要注意方法，涂装基层界面的处理方法与乳胶漆相似，对于空鼓或出现裂纹的基底须预先处理，清洁后要对基底涂刷2遍腻子。

步骤3　基础滚涂

滚涂搅拌好的硅藻涂料2遍，第1遍厚度为1mm左右，完成后待干，1h左右，以表面不粘手为宜；滚涂第2遍，厚度为1.5mm，总厚度为2~3mm。

步骤4　制作图案

采用刮板、滚筒、模板等工具制作肌理图案，这要根据实际环境与干燥情况来掌握施工时间。

步骤5　收光固化

用收光抹子沿图案纹路压实收光，也可以根据需要涂刷1层固化漆。硅藻涂料的物理性状、颜色存在一定差别属于正常现象，不影响产品质量，但是不宜在5℃以下的气候环境施工。

步骤6　安全保护

硅藻涂料切勿食用，避免进入眼睛，与儿童保持安全存放距离，使用时加强劳动保护。施工过程中避免强风直吹及阳光直接曝晒，以自然干燥为宜。

↑硅藻涂料施工工具。阴阳角刮刀可以帮助涂抹到边角区域

↑硅藻涂料调和。确定好用量后即可进行材料的调和

1.3.7 真石漆

真石漆又称为石质漆，主要由高分子聚合物、天然彩色砂石及相关助剂制成，干结固化后坚硬如石，看起来像天然花岗岩、大理石。

↑真石漆

↑彩色石砂

↑真石漆样本

真石漆具有防火、防水、耐酸碱、耐污染、无毒、无味、黏结力强、永不褪色等特点，能有效地阻止外界环境对墙面的侵蚀。由于真石漆具备良好的附着力和耐冻融性能，因此特别适合在寒冷地区使用。

真石漆具有施工简便、易干省时、施工方便等优点。真石漆具有天然真实的自然色泽，给人以高雅、和谐、庄重之美感，可以获得生动逼真、回归自然的效果。真石漆涂层主要由抗碱封底漆、真石漆、罩面漆3部分组成。

（1）抗碱封底漆。抗碱封底漆对不同类型的基层可分为油性与水性，封底漆的作用是在溶剂（或水）挥发后，其中的聚合物及颜填料会渗入基层的孔隙中，从而阻塞了基层表面的毛细孔，这样基层表面就具有了较好的防水性能，可以消除基层因水分迁移而引起的泛碱、发花等，同时也增加了真石漆主层与基层的附着力，避免了剥落、松脱现象。

（2）真石漆。真石漆是由骨料、黏结剂、各种助剂和溶剂组成。骨料是天然石材经过粉碎、清洗、筛选等多道工序加工而成，具有很好的耐候性。真石漆一般为非人工烧结的彩砂、天然石粉、白色石英砂等，相互搭配可调整颜色深浅，使涂层的色调富有层次感，能获得类似天然石材的质感，同时也降低了生产成本。黏结剂直接影响着真石漆膜的硬度、黏结强度、耐水性、耐候性等多方面性能，黏结剂为无色透明状，在紫外线照射下不易发黄、粉化。

（3）罩面漆。罩面漆主要是为了增强真石漆涂层的防水性、耐污性、耐紫外线照射等性能，便于日后清洗。罩面漆主要可以为油性双组分氟碳透明罩面漆与水性单组分硅丙罩面漆。

↑真石漆墙面

★真石漆的鉴别与选购

★真石漆的施工

在现代家居装修中，真石漆主要用于室内各种背景墙涂装，或用于户外庭院空间墙面、构造表面涂装。真石漆常见桶装规格5～18kg／桶，其中25kg包装的产品价格为100～150元／桶。

步骤1 **注意黏稠度**

黏稠度是指包装桶内液体物料是否均衡一致。真石漆的质地具有相当程度的黏稠度，其比乳胶漆要稀，但是比建筑胶水要黏稠。

步骤2 **注意悬浮度**

打开包装桶后，彩色砂石是沉淀在桶下部的，采用木棍搅拌后，彩色砂石应当很容易悬浮起来，悬浮时间达1～2min后再缓缓沉淀，沉淀过快则无法均匀调和。

步骤1 **施工环境**

真石漆适用于混凝土或水泥内外墙及砖墙体。施工基层应平整、干净，并具有较好的强度，新墙体则应实干1个月后才能施工，旧墙翻新要先处理好基层、剥落表层及粉尘油垢等杂质后才能施工。

步骤2 **清理基层**

在清理平整的涂装界面上喷涂抗碱封底漆，施工时温度应≥10℃，喷涂2遍，每遍间隔2h，厚度约0.5mm，常温干燥12h。

步骤3 **喷涂真石漆**

喷涂真石漆，应采用真石漆专用喷枪，喷涂厚度为2～3mm，如需涂抹2～3遍，则间隔2h，干燥24h后可打磨。喷涂时尽量喷涂均匀，走枪速度一致，不能在墙面上停顿。开始喷涂开枪时不能正对墙面，喷完收枪时也不能正对墙面，要将枪口移开再关闭喷枪，避免造成发花。

步骤4　打磨

待完全干燥后才能打磨，采用360#砂纸打磨，轻轻抹平表面凸起的砂粒即可，用力不可太大，避免破坏漆膜而引起松动，严重时会造成脱落。

步骤5　喷涂罩面漆

喷涂罩面漆，需喷涂2遍，每遍间隔2h，喷涂厚度控制在0.5mm左右，完全干燥需7d。

步骤6　施工气候

真石漆应该避免在大风天气里施工，以免真石漆喷涂后很难上墙，造成大量浪费，且真石漆有两个颜色交叉作业施工时，必须进行保护，以免互相污染，造成发花。

步骤7　存放环境

真石漆应存放于5～40℃的阴凉干燥处，严防暴晒或霜冻，未开封的常温下可以保存12个月，应避免在气温低于5℃、相对湿度高于85%的环境条件下施工，以免因真石漆成膜不好造成发花。如果真石漆打开包装后没有及时用完，应当紧密封闭，放置时间不超过1个月，时间过长就会失去吸附力，造成施工后开裂。

↑真石漆喷涂时要戴上手套，喷枪的工作速度要控制好

↑必须等待刷漆面完全干燥后才可以进行打磨

↑沙发背景墙基层造型为仿制木地板造型，表面涂刷深色绒面涂料，电视背景墙涂刷仿瓷涂料

↑沙发背景墙基层为水泥板，表面为天然真石漆，电视背景墙涂刷硅藻涂料

→沙发背景墙选用肌理涂料，过道墙面选用真石漆，形成强烈的质感对比，能提升空间的层次感

装饰涂料一览●大家来对比●

品　种	性 能 特 点	适用部位	价　格
仿瓷涂料	质地黏稠，干燥后表面光洁，具有陶瓷般效果	室内墙面整体或局部装饰涂装	30~50元／m²
发光涂料	能储光或自发光，质地均衡，色彩丰富	室内墙面局部装饰涂装	30~50元／m²
绒面涂料	质地柔和，装饰效果独特，毛绒纤维易脱落，价格较高	客厅、卧室背景墙局部涂装	20~30元／m²
肌理涂料	品种繁多，装饰效果独特，挥发性较强，根据品种不同差价较大，施工复杂	室内墙面局部装饰涂装	10~15元／m²
裂纹漆	表层能开裂，装饰效果独特，色彩丰富，遮盖力较强，价格较高	室内高档家具、构造表面的局部涂装	50~60元／m²
硅藻涂料	品种繁多，孔隙较大，能吸异味，隔声效果好，施工复杂	室内墙面局部装饰涂装	10~30元／m²
真石漆	质地浑厚，遮盖力强，具有石材的真实效果，色彩品种丰富，施工较复杂	室内外墙面、装饰构造涂装	20~30元／m²

1.4 特种涂料

特种涂料是用于特殊场合，满足特殊功能的涂料，主要对涂装界面起到保护、封闭的作用，是现代家居装修必不可少的材料。

1.4.1 防水涂料

防水涂料是指涂刷在装修构造或住宅建筑表面，经化学反应形成一层薄膜，使被涂装表面与水隔绝，从而起到防水、密封的作用，其涂刷的黏稠液体统称为防水涂料。防水涂料经固化后形成的防水薄膜具有一定的延伸性、弹塑性、抗裂性、抗渗性及耐候性，能起到防水、防渗、保护作用。

防水涂料在常温下是黏稠状液体，经涂布固化后，能形成无接缝的防水涂膜，特别适宜在立面、阴阳角、穿结构层管道、凸起物、狭窄场所等细部构造处进行防水施工，能在这些复杂部件表面形成完整的防水膜。防水涂料施工属冷作业，操作简便，劳动强度低。根据涂料的液态类型，可把防水涂料分为溶剂型、水乳型、反应型3种。

↑溶剂型防水涂料

↑水乳型防水涂料

（1）溶剂型防水涂料。溶剂型防水涂料的主要成膜物质是高分子材料，涂料通过溶剂挥发，经过高分子物质分子链接触、搭接等过程而结膜。涂料干燥快，结膜较薄且致密，生产工艺简单，稳定性较好。

（2）水乳型防水涂料。水乳型防水涂料的主要成膜物质是稳定悬浮在水中的高分子材料与微小颗粒。涂料通过水分蒸发，经过固体微粒接近、接触、变形等过程而结膜。涂料干燥较慢，一次成膜的致密性较溶剂型防水涂料低，一般不宜在5℃以下施工，可在稍微潮湿的基层上施工，生产、储运、使用比较安全，操作简便，不污染环境。

（3）反应型防水涂料。反应型防水涂料的主要成膜物质是高分子材料，以液态存在。涂料通过液态的高分子预聚物与相应物质发生化学反应，结膜，无收缩，涂膜致密，价格较贵。

目前在家居装修中，质量稳定的防水涂料为硅橡胶防水涂料，它是以硅橡胶乳液和其他高分子聚合物乳液的复合物为主要原料，掺入适量的化学助剂与填充剂等，均匀混合配制而成的水乳型防水涂料。

↑反应型防水涂料

↑防水涂料调和

↑硅橡胶防水涂料运用于露台

↑硅橡胶防水涂料施工需搅拌
至无气泡产生

硅橡胶防水涂料具有较好的渗透性、成膜性、耐水性、弹性、黏结性、耐高低温等性能，并可在干燥或潮湿而无明水的基层进行施工作业。该涂料以水为分散介质，在生产与施工时无刺激性异味、无毒，不污染环境，安全可靠，可在常温条件下进行涂布施工，并容易形成连续、有弹性、无缝、整体的涂膜防水层。涂膜的拉伸强度较高、断裂延伸率较大，对基层伸缩或开裂变形的适应性较强，且耐候性好，使用寿命较长。

硅橡胶防水涂料的主要缺点是固体成分含量比反应固化型涂料低，若要达到与其相同的涂膜厚度时，不但涂刷施工的遍数多，而且单位面积的涂料用量多，施工成本较高。

硅橡胶防水涂料主要用于厨房、卫生间、阳台、露台、水池等室内外空间界面防水。常见包装规格为1～5kg／桶，其中5kg包装的产品价格为150～200元／桶，可涂刷约12～15m^2。防水涂料应购买知名品牌产品，由于用量不多，可到大型建材超市或专卖店购买。

★防水涂料的鉴别与选购

步骤1 检查包装

优质的防水涂料外部包装袋颜色鲜明、字迹清晰不模糊，且规范标出生产日期、使用年限、名称以及产地等。

步骤2 查询防伪码

查询防伪码是最直接有效的辨别方法，查询防伪码是无法模仿的，且只能查询一次，可以在官网上与客服沟通查询及手机短信查询等。

步骤3 闻气味

优质的防水涂料中的液体气味很淡，而劣质的防水涂料会有一股很浓烈且刺鼻的气味。

↑涂装完毕。防水涂料涂装完毕后要注意做好基础防护工作，注意洒水养护

↑闭水检验。等待防水涂料层完全干透后要进行闭水试验，实验结束无渗漏即为优质施工

步骤4 **查看质量**

实际质量与桶上标明的质量一致的为优质的防水涂料，否则为劣质品。

步骤5 **检查防水效果**

可以从样板上用小刀取下防水涂料胶皮，对折不会破，有延伸性的为优质品。劣质品会呈粉状，很难从样板上取下，对折会破损。

★ **选材小贴士**

防水涂料施工注意事项

防水涂料的施工要严谨，不能放过任何边角和接缝，一般涂刷2遍以上。在防水涂料施工时应清理基层，保持基层平整、干净、无污物。防水涂料包装开封后要在短时间内用完，不能长时间储存，不可在结冰或上霜的表面施工，也不可在连续48h内环境温度低于4℃时使用。此外，防水涂料不适合在雨雪天施工，施工后48h内，仍要避免雨淋、霜冻或0℃以下的长时间低温。

↑地面铺装管道的部位应当采用水泥砂浆保护起来，砌筑缓坡构造，给防水涂料施工提供良好的界面

↑淋浴区防水涂料应当涂刷至1.8m以上高度，宽度要大于淋浴房边缘150mm以上

1.4.2　防火涂料

防火涂料是由基料（成膜物质）、颜料、普通涂料助剂、防火助剂、分散介质等原料组成。除防火助剂外，其他涂料组分在涂料中的作用和在普通涂料中的作用一样，但是在性能与用量上有的具有特殊要求。

防火涂料是用于可燃性装饰材料、构造表面，能降低被涂界面的可燃性、阻滞火灾的迅速蔓延，用以提高被涂材料耐火极限的特种涂料。防火涂料除了一般涂料所具有的防锈、防水、防腐、耐磨以及涂层坚韧性、着色性、黏附性、易干性和一定的光泽以外，其自身应是不燃或难燃的，不起助燃作用。

燃烧是一种有火焰产生的快速剧烈氧化反应，反应非常复杂，燃烧的发生与进行必须同时具备可燃物质、助燃剂和着火点这3个条件。为了阻止燃烧的进行，必须切断燃烧过程中的3个条件中的任何1个，如降低温度、隔绝空气或可燃物。防火涂料的防火原理就是涂抹后产生的涂膜层能使底材与火隔离，从而延长了热侵入装饰材料的时间，达到延迟、抑制火焰蔓延的目的。

防火涂料按照涂料的性能可以分为非膨胀型防火涂料与膨胀型防火涂料两大类。非膨胀型防火涂料主要用于木材、纤维板等板材质的防火，用在木结构屋架、顶棚、门窗等表面。膨胀型防火涂料主要用于保护电缆、聚乙烯管道、绝缘板，可用于建筑物、电力、电缆的防火。

↑防火涂料（一）

↑防火涂料（二）

↑防火涂料涂刷龙骨。涂刷防火涂料后的龙骨，其防火、阻燃性能会更强，建筑的安全性能也能有所提高

↑防火涂料涂刷电缆。电缆一旦出现事故很容易起火，电缆涂刷防火涂料后，能增强自身的安全系数，同时也能避免火灾的发生

↑防火涂料涂刷电缆。电缆一旦出现事故很容易着火,电缆涂刷防火涂料后,能增强自身的安全系数,同时也能避免火灾的产生

防火涂料主要用于木质吊顶、隔墙、构造等基层材料的界面涂刷,如木质龙骨、板材表面。防火涂料常见的包装规格为5～20kg／桶,其中20kg包装的产品价格为200～300元／桶,其用量为1m²／kg。防火涂料应购买知名品牌产品,由于用量不多,可以到大型建材超市或专卖店购买。

防火涂料的施工方法简单,施工温度一般为5℃以上。防火涂料施工前要将基材表面上的尘土、油污完全除去。涂料必须充分搅拌均匀方能使用。如若涂料黏度太大,可加少量的清水稀释。一般采取刷涂、滚涂均可,需蘸取适量的防火涂料涂刷3～4遍。对木质龙骨、板材进行涂刷时,可在构造安装前涂刷2遍,构造成型后再涂刷1～2遍。

步骤1 **选择知名品牌**

购买防火涂料一定要货比三家,不要迷信涂料包装上的绿色二字,要认真看清楚产品的质量合格检测报告。

步骤2 **观察桶身**

观察防火涂料铁桶的接缝处有没有锈蚀、渗漏现象,注意铁桶上的明示标识是否齐全,以免买到仿冒的防火涂料。

步骤3 **上网查询**

可以上网查询防火涂料包装上的电话或商家信息,核实后再决定是否购买。

步骤4 **燃烧试验**

合格防火涂料应该具备良好的防火性,当遇到强火时不会快速燃烧,而且表面不会轻易掉渣。优质的防火涂料在受到强火灼烧时,大量发泡膨胀,表面也会聚集凸起,数分钟内不会出现烧损现象;而伪劣防火涂料则基本不发泡,木质基材也会很快燃烧。

步骤5 **看泡层厚度**

正常的情况下,一级防火涂料泡层厚度为20mm以上,二级防火涂料泡层厚度为10mm以上,泡层均匀致密。

★防火涂料的鉴别与选购

1.4.3 防霉涂料

防霉涂料是含有生物毒性药物，能抑制霉菌生长、发展的一种防护涂料，一般是由防霉剂、颜色填料、分散剂、成膜助剂、增稠剂、消泡剂、中和剂等组成。其中防霉剂是防霉涂料的关键，防霉剂对霉菌、细菌、酵母菌等微生物有广泛、持久、高效的杀菌与抑制能力。

★防霉涂料的鉴别与选购

↑防霉涂料

防霉涂料具有较强的杀菌防霉作用，而且具有较强的防水性，涂覆表面后，无论潮湿还是干燥，涂膜都不会发生脱落现象。防霉涂料用于适宜霉菌滋长的环境中，能较长时间保持涂膜表面不长霉，具备耐水性、耐候性。

现代防霉涂料具有装饰与防霉作用的双重效果，它与普通装饰涂料的根本区别在于不仅是防霉剂具备防霉功能，而且颜色填料与各种助剂也对霉菌有抑制功效。防霉涂料一般在普通涂料中添加具备抑制霉菌生长的添加材料，且基料固化后漆膜完全致密，不吸附空气中水分与营养物，表面干燥迅速，表面因此能起到良好的防霉抑菌效果。

在家居装修中，防霉涂料主要用于通风、采光不佳的卫生间、厨房、地下室等空间的潮湿界面涂装，用于木质材料、水泥墙壁等各种界面的防霉。防霉涂料常见的包装规格一般为5～20L／桶，其中20L包装的产品价格为200～300元／桶。

步骤1 **看黏稠度**

优质防霉涂料拥有比较高的黏稠度，且拉丝效果较好。

步骤2 **看气味**

优质的防霉涂料在开罐后不会有刺鼻的气味，使用后气味会更淡，而劣质的防霉涂料在开罐后有较强刺激性气味。

步骤3 **选择优质的品牌**

一般来说合资以及进口品牌的防霉涂料的质量和环保性都比较有保证，最好能到指定的品牌专卖店购买，避免使用过程中出现投诉无门的情况。

步骤4 **看产品相关证件**

正规的品牌代理商都有一系列证明文件，在销售人员介绍产品前，最好先验明其代理身份，看品牌授权证明文件。

↑防霉涂料施工完毕。防霉涂料施工完毕后最好要进行养护工作，短期内最好不要有尖锐物品触碰，以免破坏涂膜层

1.4.4 防锈涂料

防锈涂料是指保护金属表面免受大气、水等的物质腐蚀的涂料。在金属表面涂上防锈涂料能够有效地避免大气中各种腐蚀性物质的直接入侵，最大化地延长金属的使用期限。

施工时，防霉涂料的用量、施工方法与普通乳胶漆一致，只是注意应在干燥的环境下施工。由于防霉涂料用量不多，应到大型建材超市或专卖店购买知名品牌产品，很多经销商承诺购买产品即附送施工。

★ 选材小贴士

防霉涂料施工注意事项

防霉涂料施工的基础，必须牢固、无空壳现象，若有污渍或霉菌，必须先铲除，然后用专用消毒清水清洗，最后用清水洗净。施工温度不得低于7℃。

防锈涂料可分为物理防锈涂料与化学防锈涂料两大类。前者靠颜料与漆的适当配合，形成致密的漆膜以阻止腐蚀性物质的侵入，如铁红、铝粉、石墨防锈漆等；后者靠防锈颜料的化学作用来防锈，如红丹、锌黄防锈漆等。

防锈涂料主要用于金属材料的底层涂装，如各种型钢、钢结构楼梯、隔墙、楼板等构件，涂装后的表面可再做其他装饰。传统防锈涂料为醇酸漆，价格低廉，常用的包装为0.5~10kg／桶，其中3kg包装的产品价格为50~60元／桶，需要额外购置稀释剂调和使用。现代防锈涂料多用套装产品，1组包装内包括漆2kg、固化剂1kg、稀释剂2kg等3种包装，价格为200~300元／组，每组可涂刷12~20m²。防锈涂料的选购、施工方法与厚漆基本一致。

↑桶装防锈涂料

↑流动状的防锈涂料

★防锈涂料的鉴别与选购

步骤1　看品牌

建议选择有一定品牌知名度的涂料，这类防锈涂料一般质量上有保障，切记不要贪图小便宜。

步骤2　看产品标识

要仔细查看防锈涂料的产品标识，对于涂料的生产日期、保质期及防伪标签等基本信息，要注意检查。

步骤3　查看漆液

购买时需要仔细查看容器内的漆液，观察漆液是否透明，色泽是否均匀、无杂质，是否具有良好的流动性等。

↑防锈涂料漆液。优质防锈涂料色泽亮丽，无拉丝现象，涂刷顺畅

↑涂刷防锈涂料后需等表层涂膜完全干透后再打磨

↑涂刷完毕后要涂刷常规涂料保护，如钢结构表面涂刷醇酸漆

特种涂料一览 ●大家来对比●

品　种	性　能　特　点	适用部位	价　格
防水涂料	质地均衡，需配置水泥等骨料使用，结膜性好，干燥快，具有一定的弹性，价格较高	厨房、卫生间、庭院、阳台地面防水基层涂装	5kg 150~200元/桶
防火涂料	质地较稀，遮盖力强，涂膜均匀，能阻隔高温，价格适中	室内家具、构造的木质基层涂装	20kg 200~300元/桶
防霉涂料	质地均衡，防霉成分多样，遮盖力强，价格适中	室内外潮湿墙地面、构造涂装	20L 200~300元/桶
防锈涂料	质地较黏稠，涂装平整，具有一定的弹性，结膜性好，干燥快，价格较高	钢铁结构表面涂装	20L 300~400元/桶

第2章
壁纸

识读难度： ★★★☆☆

核心概念： 普通壁纸、特殊壁纸

章节导读： 壁纸是家居装修后期的重要材料，除各种油漆涂料外，壁纸最能体现装修的质感、档次，由于很多装修业主都能自己动手铺装，因此壁纸成为材料选购的重点。同其他装饰材料一样，壁纸随着世界经济文化的发展而不断发展变化着。不同时期壁纸的使用是当地经济发展水平、新型材料学、流行消费心理等多方面的体现。壁纸的生产原料多样，质地丰富，价格差距很大，选购壁纸时，不仅要根据审美喜好选择花纹色彩，还要注意识别质量，注重施工工艺。

2.1 普通壁纸

普通壁纸又称为墙纸，是裱糊室内墙面的纸张或布，也可以认为是墙壁装修的特种纸材。普通壁纸属于绿色环保材料，不散发对人体健康有害的物质。普通壁纸应用发源于欧洲，现今在北欧、日本、韩国等地区和国家应用非常普遍。

2.1.1 纸面壁纸

纸面壁纸是一种传统壁纸，通过直接在纸张表面上印制图案或压花而制成，其基层材料透气性好，能使墙体中的水分向外散发，不致引起变色、鼓泡等现象。如果在特殊耐热的纸张上直接压印花纹，壁纸能呈现亚光、自然、舒适质感。

纸面壁纸价格便宜、健康、环保，缺点是性能较差、不耐水、不便于清洗、容易破裂。纸面壁纸不宜用在潮湿的卫生间、厨房等处，施工时墙面不能浸水，涂胶后应尽快上墙铺贴。

↑ 纸面壁纸

2.1.2 塑料壁纸

塑料壁纸是目前生产最多、销售最大的壁纸，它是以优质木浆纸为基层，以聚氯乙烯（PVC）塑料为面层，经过印刷、压花、发泡等工序加工而成。塑料壁纸的底纸，要求能耐热、不卷曲，有一定强度，一般为80~150g／m²的纸张。

塑料壁纸品种繁多，色泽丰富，图案变化多样，有仿木纹、石纹、锦缎纹、瓷砖纹、黏土砖纹等多种，在视觉上可以达到以假乱真的效果。塑料壁纸的种类主要分为普通塑料壁纸、发泡塑料壁纸、特种塑料壁纸等3种。

普通塑料壁纸是以80~100g／m²的纸张作基材，涂有100g／m²左右的PVC塑料，经印花、压花而成，这种壁纸适用面广，价格低廉，是目前最常用的壁纸产品。发泡塑料壁纸是以100~150g／m²的纸张作基材，涂有300~400g／m²掺有发泡剂的PVC糊状树脂，经印花后再加热发泡而成，是一种具有装饰与吸声功能的壁纸，图案逼真，立体感强，装饰效果好。特种塑料壁纸则包括耐水塑料壁纸、阻燃塑料壁纸、彩砂塑料壁纸等多个品种。

塑料壁纸具有一定的伸缩性、韧性、耐磨性与耐酸碱性，抗拉强度高，耐潮湿，吸声隔热，美观大方。施工时应采用涂胶器涂胶，传统手工涂胶很难达到均匀的效果。

↑ 塑料壁纸（一）

↑ 塑料壁纸（二）

★选材小贴士

塑料壁纸与纸面壁纸的区别

塑料壁纸与纸面壁纸最大的区别在于它的防水性。使用塑料壁纸，在设计时可不用考虑防水的限制因素。

↑塑料壁纸成本低廉，花色品种繁多，是当今家居装修的主流产品，适用于各种类型的室内空间

2.1.3 纺织壁纸

纺织壁纸是壁纸中的高级产品,主要是用丝、羊毛、棉、麻等纤维织成,质地柔和、透气性好。

↑纺织壁纸样本

纺织壁纸又分为锦缎壁纸、棉纺壁纸、化纤壁纸等品种。锦缎壁纸又称为锦缎墙布,缎面织有古雅精致的花纹,色泽绚丽多彩,质地柔软,且价格较高。棉纺壁纸是将纯棉平布处理后,经印花、涂层制作而成,具有强度高、静电小、色泽美观等特点。化纤壁纸是以涤纶、腈纶、丙纶等化纤布为基材,经印花而成,其特点是无味、透气、防潮、耐磨、耐晒、不分层、强度高、不褪色、质感柔和,并且非常健康环保。

由于纺织壁纸是一种新型、豪华装饰材料,因其价格不同而具有不同的规格、材质。施工时,纺织壁纸与其他壁纸有区别,表面不能沾染任何污迹。另外,在施工中表面出现抽丝、跳丝现象时,可以用剃须刀仔细刮除干净。

↑纺织壁纸(一)

↑纺织壁纸(二)

★选材小贴士

纺织壁纸一定要看清品质

由于纺织壁纸是一种新型的豪华装饰材料,其价格因幅宽、材质、工艺的不同而不同。因此,一定要看清楚其品质。对于与复合型纺织壁纸材料之间的区别,主要是靠目测背衬材料不同的厚度来识别。另外,还应注意有没有出现抽丝、跳丝的现象。

2.1.4 天然壁纸

天然壁纸是一种用草、麻、木材、树叶等自然植物制成的壁纸，也有用珍贵树种、木材切成薄片制成的，是非常健康环保的产品。天然壁纸风格古朴自然，素雅大方，生活气息浓厚，给人以返璞归真的感受。

天然壁纸透气性能较好，能将墙体与施工过程中的水分自然排到外部干燥，且不会留下任何痕迹，因此不容易卷边，也不会因为天气潮湿而发霉。天然壁纸所使用的染料一般是从鲜花与亚麻中提取，不容易褪色，色泽自然典雅，无反光感，具有较好的装饰效果。更换壁纸时无需将原有壁纸铲除（凹凸纹除外），可直接铺装在原有壁纸表面，省钱省力，并能得到双重墙面保护的效果。

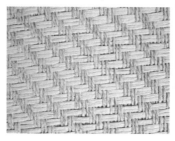 

↑天然壁纸　　　　　　　↑天然壁纸应用

★选材小贴士

天然壁纸易被破坏

天然壁纸优点甚多，但由于其材质为草、麻等，决定了它易损坏的特性，不宜用在潮湿部位。

→装饰性较好的天然壁纸。有些天然壁纸表面纹理丰富，色泽多样，具备比较好的装饰效果，同时也能与室内环境很好地搭配在一起

2.1.5 静电植绒壁纸

静电植绒壁纸是指采用静电植绒法将合成纤维短绒植于纸基上的新型壁纸。常用于点缀性极强的局部装饰。

静电植绒壁纸有丝绒的质感与手感，不反光，具有一定吸声效果，无气味，不褪色，具有植绒布的美感和消声、杀菌、耐磨等特性，完全环保、不掉色、密度均匀、手感好、花形和色彩丰富。但是静电植绒壁纸具有不耐湿、不耐脏、不便擦洗等缺点，因此在施工与使用时需注意保洁。

↑静电植绒壁纸应用（一）　↑静电植绒壁纸应用（二）

2.1.6 金属膜壁纸

金属膜壁纸是在纸基上涂布一层电化铝箔（如铝铜合金等）薄膜（仿金、银），再经压花制成的壁纸。金属膜壁纸具有不锈钢、黄金、白银以及黄铜等金属的质感与光泽，装饰效果华贵、耐老化、耐擦洗、无毒、无味、无静电、耐湿、耐晒、不褪色。

金属膜壁纸繁富典雅、高贵华丽，通常用于面积较大的客厅、餐厅、走道等空间，一般只作局部点缀，尤其适用于墙面、柱面的墙裙以上部位铺装。金属膜壁纸构成的线条颇为粗犷奔放，整片用于墙面可能会造成平庸的效果，但是适当点缀能不露痕迹地彰显家居空间的炫目与前卫。

在选用金属膜壁纸时要注意选购品牌产品，且还需购买与金属膜壁纸配套的壁纸专用胶，以便后期更好地施工。铺装金属膜壁纸的部位应当避免强光照射，否则会出现刺眼的反光，给家居环境带来光污染。金属膜壁纸铺贴完成后一定要避免风吹，以免起皱，窗户要紧密，待壁纸贴合紧密后才可开窗透气。

↑金属膜壁纸（一）　↑金属膜壁纸（二）

↑静电植绒壁纸适用于古典风格的室内装修，在卧室中能起到很好的隔声效果

↑金属膜壁纸不仅适用于电视背景墙，还可以用于吊顶内侧的顶面，在灯光下显得金碧辉煌

↑若在卧室中选用金属膜壁纸，建议仅铺贴床头背景墙与局部吊顶，过多使用会造成错乱的视觉效果

2.2 特殊壁纸

特殊壁纸是突破传统观念的壁纸，严格来说不能称为壁纸，但是仍然具有壁纸大部分的特性，在使用过程中具有一些新的功能和优势，适用于有特殊要求的家居室内空间。

2.2.1 玻璃纤维壁纸

玻璃纤维壁纸又称为玻璃纤维墙布，是以中碱玻璃纤维为基材，表面涂树脂、印花而成的新型壁纸。其基材采用玻璃纤维，进行染色及挺括处理，形成彩色坯布，再加乙酸乙酯、适量色浆印花，经切边、卷筒制成。

玻璃纤维壁纸属于织物壁纸中的一种，一般与涂料搭配使用，即在壁纸表面上涂装高档丝光乳胶漆，颜色可随涂料本身的色彩任意调配，并可在上面随意作画，加上壁纸本身的肌理效果，给人以粗犷质朴的感觉，但其表面的丝光面漆，又隐约透出几分细腻。此外，玻璃纤维壁纸具有遮光性，原有颜色可以覆盖，且具有轻微的弹性，能避免壁纸受到撞击时出现凹陷。

↑玻璃纤维壁纸基层

↑玻璃纤维壁纸应用

玻璃纤维壁纸的轻微弹性

　　玻璃纤维壁纸具有轻微的弹性，可以避免壁纸因受到撞击而产生凹陷，如果没有弹性，一旦壁纸受到撞击就容易凹陷。

2.2.2　液体壁纸

　　液体壁纸是一种新型的艺术装饰涂料，常温下为液态因而桶装，通过专有模具，可以在墙面上做出风格各异的图案。该产品主要取材于天然贝壳类生物的壳体表层，黏合剂也选用无毒、无害的有机胶体，是真正的天然、环保产品。

　　液体壁纸之所以被称为绿色健康的环保材料，是因为施工时无需使用建筑胶水、聚乙烯醇等，所以不含铅、汞等重金属元素以及醛类物质，从而做到无毒、无污染。由于是水性材料，液体壁纸的抗污性很强，同时具有良好的防潮、抗菌性能，不易生虫，也不易老化。

　　液体壁纸不仅没有乳胶漆色彩单一、无层次感及壁纸易变色、翘边、起泡、有接缝、寿命短的缺点，而且具备乳胶漆易施工、图案精美等优点，是集乳胶漆与壁纸的优点于一身的高科技产品。近几年来，液体壁纸产品开始在国内盛行，装饰效果非常好，成为墙面装饰的最新产品。

↑液体壁纸样本

↑液体壁纸展示

液体壁纸浓度较高

　　一般情况下，液体壁纸的浓度较高，1.5kg印花涂料可以施工170m²墙面；2kg辊花涂料可以施工180～220m²墙面。

↑液体壁纸铺装

↑液体壁纸印花玻璃

↑液体壁纸印花模具

液体壁纸施工时最好是双人施工，一人套膜一人刮涂，注意施工所用的模具不可与尖锐物体接触，不可过度晒太阳，施工结束后要及时清理模具。液体壁纸施工一般按照搅拌→加料→刮涂→收料→对花→补花的施工顺序进行。

搅拌是指在液体壁纸刮涂前将包装盒打开并用搅拌棒将涂料进行充分的搅拌，如果有气泡需将液体壁纸静置十分钟左右，待气泡消失方可进行下一步施工；加料是指将适当的涂料放于印刷工具的内框上；刮涂是指将印刷工具置于墙角处，印刷模具的模面要紧贴墙面，然后用刮板进行涂刮；收料是指将每一个花形刮好后，需收尽模具上多余的涂料，提起模具时要垂直于墙面起落，以免有余料滴落，影响装饰效果；对花是指套模时要根据花型的列距和行距使横、竖、斜都成一条线，要保证模具外框贴近已经印好花型的最外缘，找到参照点后再涂刮，并依此类推至整个墙面；补花则是指当墙面在纵向和横向上均不够套模时可使用软模补足。

要想拥有良好的施工效果，优质的施工模具必不可少。购买液体壁纸时要选择感光膜图案清晰分明，弹性适中，膜面紧密、牢固，丝网孔分布均匀，膜绷力均匀、平整的施工模具。这类模具施工时能迅速成膜，施工效果良好。

★ 选材小贴士

硅藻泥和液体壁纸的区别

液体壁纸是集壁纸以及乳胶漆的优点于一身的环保水性涂料，它在传统涂料配方和施工工艺上进行了变革，突破了传统乳胶漆单调的装饰效果，可以像墙纸一样做出各种图案和花纹，以弥补墙纸裂口的不足，但视觉效果和艺术表现力低于硅藻泥壁纸。硅藻泥是一种以硅藻土为主要原材料的内墙环保装饰壁材，硅藻泥更环保、先进，且不含任何有害物质，色彩天然，不褪色，耐老化，质感好，手感舒适，且具有墙纸的质感，可以个性化创造，能够达到非常好的装饰效果。

↑玻璃纤维壁纸可以取代传统的防裂纤维网，铺贴后表面涂刷乳胶漆，具有抗裂功能，表面还可以继续拓印装饰图案

↑液体壁纸施工后使用模具拓印出图案，具有较好的装饰效果，图案密度可以根据需要来变换

2.2.3 荧光壁纸

荧光壁纸是在纸面上镶有用发光物质制成的嵌条，能在夜间或弱光环境下发光的壁纸。

壁纸的发光原理有两种：一种是采用可蓄光的天然矿物质为原料，在白天有外界光照的情况下，吸收一部分光能，将其储存起来，在夜晚或是当外界光线很暗时，又将储存起来的部分光能自然地释放出来，从而产生荧光效果；另一种是采用无纺布作为原料，经紫光灯照射后，产生发光的效果，由于必须借助紫光灯，所以安装成本比较高。

目前市场上的荧光壁纸多数采用前一种发光原理，即以无机质酸性化合物为原料制作而成，在光照中积蓄光能，暗淡后又重新释放光能，熄灯后5~20min就呈现出迷人的色彩、图案。

荧光壁纸的发光图案各不相同，有模仿星空的，也有卡通动画的，可以运用在客厅、卧室的墙壁上，而且这种壁纸上的化合物成分无毒、无害，还可以用在儿童房里。

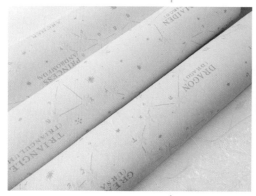

↑ 荧光壁纸

↑ 荧光壁纸应用

★选材小贴士

荧光壁纸发亮时间

荧光壁纸的荧光原理决定了它的光能的释放过程不会太长，一般20min后壁纸就不会出现荧光效果。

2.3 壁纸选配方法

壁纸产品门类特别丰富，在选购时要注意识别产品质量，下面就以不同的选购方向为基础来详细地讲述如何更好地选购合适的壁纸。

2.3.1 图案选择

壁纸图案特别丰富，经销商能提供各种壁纸样本供挑选，往往令人眼花缭乱，因而在选择壁纸图案时要根据实际功能来选择。

常见的壁纸图案一般包括竖条纹、图案、碎花纹等类型。竖条纹壁纸能增加环境空间的高度，图案具有恒久与古典特性，是最常见的选择；而如果空间已经显得高大，可以选用宽度较大的条纹图案，因为它能将视线向左右延伸；图案壁纸能降低空间的拘束感，鲜艳炫目的图案与花纹最抢眼，有些图案十分逼真、色彩浓烈，适合格局较为平淡无奇的空间；碎花纹壁纸可以塑造既不夸张又不平淡的空间氛围，是最常见的选择，选择这种壁纸能获得安全的视觉效果。

→竖条纹壁纸。竖条纹壁纸能将视线向上引导，会对空间的高度产生错觉，适合用在较矮的空间内

2.3.2 色彩选择

背光空间不宜用偏蓝、偏紫等冷色，而应用偏黄、偏红或偏棕色的暖色壁纸，以免在冬季感觉过于偏冷；朝阳空间可选用偏冷的灰色调壁纸，但不宜用天蓝、湖蓝等冷色壁纸；开阔的空间宜选用清新淡雅的壁纸；餐厅、娱乐空间应采用橙黄色的壁纸；狭窄的空间则可以依据设计风格、个人喜好随意发挥。

←图案壁纸。图案壁纸可搭配欧式古典家具，从而加深室内空间的氛围感，也能很好地提升空间品味

红色壁纸可以配白色、浅蓝色、米色墙面；粉红色壁纸可以配紫红色、白色、米色、浅褐色、浅蓝色墙面；橘红色壁纸可以配白色、浅蓝色墙面；米黄色壁纸可以配浅蓝色、白色、浅褐色墙面；褐色壁纸可以配米黄色、鹅黄色墙面；绿色壁纸可以配白色、米色、深紫色、浅褐色墙面；蓝色壁纸可以配白色、粉蓝色、橄榄绿、黄色墙面；紫色壁纸可以配浅粉色、浅蓝色、黄绿色、白色、紫红色墙面。

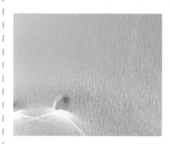

↑壁纸颜色搭配。壁纸颜色可以根据灯光配置进行优化搭配

↑壁纸选择。同一空间内不宜所有墙壁都铺装壁纸，壁纸与墙壁颜色应当搭配适宜

→壁纸图案与颜色搭配。壁纸的图案与颜色要根据室内软装配饰的图案与颜色进行搭配

★壁纸的鉴别与选购

↑观察样本。样本可以让我们很清楚地看到壁纸的图案、色泽以及宽幅等，可以方便消费者选择

↑拿捏厚度。取壁纸样品，拿捏壁纸厚度，厚度一般为3张普通复印纸的厚度

步骤1　观察样本

壁纸经销商都会在店面里准备很多样本图册供业主观看。样本图册是由同一品牌，具有多种图案、花纹的真实壁纸装订起来的图册，并配有实景铺装图片或电脑效果图，选购十分方便，壁纸的质量尽收眼底。一般图册厚重、花色多样的产品质量较好，知名企业都注重产品的包装、宣传。

步骤2　拿捏厚度

对于塑料壁纸，质量关键在于厚度，底层壁纸经过多次褶皱后应不产生痕迹，壁纸的薄厚应当一致，并注意观察塑料壁纸表面是否存在色差、皱褶、气泡，壁纸的图案是否清晰，色彩是否均匀。

步骤3　关注气味

壁纸是否存在气味很重要，如果壁纸有异味，很可能是甲醛、氯乙烯等挥发性物质含量较高。打开包装仔细闻一下产品就能得出结论。还可进行燃烧试验，优质壁纸具备良好的防火功能，经过燃烧后的优质壁纸应变成浅灰色粉末，而伪劣产品在燃烧时会产生刺鼻黑烟。

步骤4　表面质地

塑料壁纸表面覆有一层PVC膜，优质产品具有很强的防水、抗污染功能。

↑燃烧测试。用打火机点燃壁纸，如果散发的烟味很刺鼻，说明质量较差，而无明显异味的为优品质，离开火焰后，优质壁纸上的火焰应自动熄灭

↑湿水擦拭。可以用湿抹布或湿纸巾在壁纸表面反复擦拭，优质产品应不浸水、不褪色，还可以从侧面用指甲剥揭壁纸，优质产品的表层与纸张应不分离

★壁纸的安装施工

购买好所需的壁纸之后，要获得良好的装饰效果，施工质量必须要有保证。壁纸铺装是一种较高档次的墙面装饰施工，工艺复杂，成本较高，施工质量直接影响壁纸的装饰效果，应该严谨对待。

壁纸施工之前要提前清理铺装基层表面，对墙面、顶面不平整的部位要填补石膏粉腻子，并用240#砂纸将界面打磨平整；打磨后可对铺装基层表面做第1遍满刮腻子，修补细微凹陷部位，待干后采用360#砂纸打磨平整，满刮第2遍腻子，仍采用360#砂纸打磨平整，在壁纸铺装界面涂刷封固底漆，再补腻子磨平。

为了得到更好的装饰效果，壁纸胶的用量要控制好，在墙面上放线定位要准确，展开壁纸后要检查花纹、对缝、裁切，壁纸铺贴结束之后还需赶压壁纸中可能出现的气泡，严谨对花、拼缝。

步骤1 施工环境

壁纸施工应在相对湿度85%以下的环境中进行，温度不应有剧烈变化，要避免在潮湿季节或潮湿墙面上施工。混凝土与抹灰基层面应清扫干净，将表面裂缝、凹陷等不平处用腻子找平后再满刮腻子，打磨平整，根据需要决定刮腻子的遍数。封固底漆要使用与壁纸胶配套的产品，涂刷1遍即可，不能有遗漏，针对潮湿环境，为了防止壁纸受潮脱落，还可以涂刷1层防潮涂料。

↑对墙面滚涂壁纸专用基膜，目的在于形成粗糙且质地均衡的粘贴表面

步骤2 涂刷基膜与壁纸胶

铺装玻璃纤维壁纸与无纺壁纸时，背面不能刷胶黏剂，需将胶黏剂刷在墙面基层上，铺装壁纸后，要及时赶压出周边的壁纸胶，不能留有气泡。

步骤3 裁切并铺装壁纸

将第一幅壁纸定位准确后开始铺贴，其后所有壁纸均能保持统一的垂直方向，铺贴完一幅，用美工刀裁切。

↑搅拌调和壁纸胶，壁纸胶的调配要依据包装和实际用量进行

↑用涂胶器将壁纸胶均匀地涂在壁纸背面

步骤4　擦除壁纸胶

　　铺装壁纸时溢流出的胶黏剂液，应随时用干净的毛巾擦干净，尤其要处理干净接缝处的胶痕。

步骤5　木质基层铺贴

　　木质基层应刨平，无毛刺，无外露钉头、接缝，石膏板接缝用嵌缝腻子处理，并用防裂带贴牢，表面再刮腻子。

↑壁纸对缝铺贴

↑壁纸表面的壁纸胶要及时擦拭

↑边角处用刮板将气泡挤压干净

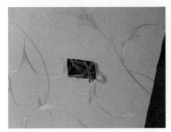

↑铺贴壁纸时应与开关面板四周贴合紧密

↑壁纸翘边。壁纸翘边有可能是基层处理不干净、胶黏剂黏结力太低，要用壁纸胶黏剂重新补贴

↑木质基层铺贴壁纸需处理好边边角角

★选材小贴士

壁纸的保养维护

　　壁纸墙面可以用吸尘器吸尘清洁，有污渍的部位可以将普通清洁剂稀释，注入喷雾器后喷洒在壁纸上，再用湿抹布擦拭。壁纸起泡可用针将壁纸气泡刺穿，再用针管抽取适量的胶黏剂注入针孔中，最后将壁纸重新压平、晾干。壁纸发霉一般发生在雨季或潮湿天气，由于墙体水分过高而没有快速挥发导致发霉，如果发霉不太严重，可以用白色毛巾蘸取适量清水擦拭，或用肥皂水擦拭，也可以购买专用的除霉剂。

↑天然壁纸上也会有各种花形，一般印有花形图案的天然壁纸颜色较深，适用于古典风格的室内装修

↑竖向条纹壁纸适用于美式风格卧室，墙裙还可以铺贴格子图案壁纸并配上腰线壁纸

↑ 卫生间应当选用低发泡的塑料壁纸，它具有一定的防水防潮功能，且表面纹理应当光洁

壁纸一览●大家来对比●

品　　种	性 能 特 点	适用部位	价　　格
纸面壁纸	外表光洁、干净，花色品种繁多，抗拉扯力较弱，价格低廉	室内墙面铺装	10~20元 / m²
塑料壁纸	外表光洁、干净，花色品种繁多，抗拉扯力较强，综合性能优越，价格低廉	室内墙面铺装	15~30元 / m²
纺织壁纸	纹理清晰且富有质感，质地柔和美观，具有面料装饰效果，易受潮，纤维易脱落	室内墙面局部铺装	30~50元 / m²
天然壁纸	纤维纹理凸出，质感强烈，防腐防潮，具有民俗古朴韵味，价格较高	室内墙面局部铺装	50~80元 / m²
静电植绒壁纸	质地绚丽华贵，装饰效果独特，易受潮，纤维易脱落	室内墙面局部铺装	30~50元 / m²
金属膜壁纸	强度高，具有一定反光效果，华丽高贵，色彩丰富，价格较高	室内墙面局部铺装	40~80元 / m²
玻璃纤维壁纸	强度高，质地均衡，无色彩装饰，需要在表面涂刷涂料	室内墙面铺装	5~10元 / m²
液体壁纸	色彩繁多，纹理质感突出，配合滚筒模具使用，整体效果统一，无接缝，价格昂贵	室内墙面局部铺装	60~100元 / m²
荧光壁纸	具有发光效果，装饰效果好，不耐污染	室内墙面局部铺装	30~50元 / m²

第3章

织物

识读难度： ★★★☆☆

核心概念： 地毯、窗帘

章节导读： 织物是一种能够起到美化、装饰作用的实用性纺织品，应用范围广泛，品类繁多，家庭、旅馆、餐厅、剧院、汽车、飞机、轮船等都需要用装饰织物配套布置。地毯和窗帘是常用的装饰织物。地毯是以棉、麻、毛、丝、草等天然纤维或化学合成纤维类原料，经手工或机械工艺进行编结、栽绒或纺织而成的地面铺敷物。窗帘则是由布、麻、纱、铝片、木片、金属材料等制作的，具有遮阳隔热和调节室内光线的功能。选购织物时，不仅要根据审美喜好选择花纹色彩，还要注意识别质量，注重施工工艺。

3.1 地毯

地毯是以棉、麻、毛、丝、草等天然纤维或化学合成纤维为原料，经手工或机械工艺进行编结、栽绒或纺织而成的地面铺装材料。地毯最初仅铺地，起到御寒和利于坐卧的作用，现代地毯还具有高贵、华丽、美观、悦目的效果。

3.1.1 纯毛地毯

纯毛地毯主要原料为粗绵羊毛，毛质细密，弹性较好，受压后能很快恢复原状。它采用天然纤维，不带静电，不易吸尘土，还具有一定阻燃性。纯毛地毯具有图案精美，色泽典雅，不易老化、褪色，具有吸声、保暖、脚感舒适等特点，它属于高档地面装饰材料。

纯毛地毯分为手工编织地毯与机织地毯两种。手工编织的纯毛地毯是我国传统纯毛地毯中的高档品，它采用优质绵羊毛纺纱，经过染色后织成图案，再用专用机械平整毯面，最后洗出丝光效果。

↑羊毛地毯

↓羊毛丝光地毯

手工编织纯毛地毯具有图案优美、色泽鲜艳、富丽堂皇、质地厚实、富有弹性、柔软舒适、保温隔热、吸声隔声、经久耐用等特点，而且非常健康环保。

机织纯毛地毯是现代工业发展起来的新品种，机织纯毛地毯具有毯面平整、光泽好、富有弹性、脚感柔软、抗磨耐用等特点，其性能与手工编织纯毛地毯相似，但价格却低于手工地毯，且回弹性、抗静电、抗老化、耐燃性等优于化纤地毯。

↑手工编织纯毛地毯

↑机织纯毛地毯

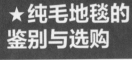

步骤1 查看外观

优质的纯毛地毯表面平整，没有缺毛、掉毛现象，检查时除观察毛线是否有瑕疵外，还应检查毛线的密度及地毯的绒高。

步骤2 查看图案

优质的纯毛地毯图案会十分清晰，赏心悦目，表面富有光泽，层次分明；如果图案模糊，丝线不清晰，则说明不是用拉绞或抽绞的方式处理的，最好不要购买。

步骤3 看触感

优质的纯毛地毯摸上去绒毛十分柔软，不会刺手，且手感很好。劣质的纯毛地毯很容易脏，且材料可能会包含其他纤维，摸起来比较硬，而且会有扎手的感觉，也不好顺毛。

步骤4　**看脚感**

优质的纯毛地毯脚感舒适，不会感觉到很滑，也不黏，弹性很好，踩踏后能很快恢复地毯原有的样子；而劣质的纯毛地毯踩上去可能还会有踩到硬物的感觉，十分不舒适。

步骤5　**看做工**

优质的纯毛地毯，工艺会十分精湛，毯面十分平直，且纹路有规则；劣质的地毯则做工会比较粗糙，漏线的地方比较多，重量也会因为毛密度小而明显低于优质地毯。

步骤6　**看相关证件**

购买时要查看质量保证书，这能帮助消费者更全面地了解纯毛地毯的好坏。

↑优质的纯毛地毯一般由精细的羊毛制成

↑劣质的纯毛地毯毛线稀松，毛长不均匀

↑优质的纯毛地毯表面图案颜色十分均匀

↑劣质的纯毛地毯表面色泽不一，图案易掉色

　　纯毛地毯施工时不宜铺满全屋，因为纯毛地毯容易滋生螨虫，铺在幼儿房间，容易让幼儿患皮肤病。纯毛地毯也不宜铺设在潮湿的地方，潮湿区域容易滋生细菌，清洗也比较麻烦，建议铺设在面积较大的卧室或客厅。此外，纯毛地毯是以纤毛为主要材料，铺在暖气旁边容易因温度过高而损坏，因而建议将纯毛地毯铺在远离热源的地板或瓷砖上。

↑纯毛地毯用于大面积卧室

↑纯毛地毯铺设于木地板上

★选材小贴士

纯毛地毯如何保养

1.定期清洗和晾晒

　　纯毛地毯不宜直接用水或清洁剂擦洗，这样容易让毛线脱落，也会破坏地毯的整体外观，建议拿到专业的清洗店清洗，一般是2~3个月一次，晾晒时要避免放在阳光直射的地方，避免纯毛地毯干燥、褪色。

2.及时去除螨虫和灰尘

　　纯毛地毯在夏天容易成为螨虫的温床，日常保养一定要做好，建议在夏季将地毯收起来或者在地毯周围放防虫剂，此外还需定期用吸尘器吸去灰尘。

3.减少摩擦

　　纯毛地毯质地柔软，同一个位置经常被踩踏容易凹陷下去，使用时建议不要只踩同一面或同一个位置，要每隔一段时间就把地毯翻转过来，减少局部摩擦。

3.1.2 混纺地毯

混纺地毯是以纯毛纤维与各种合成纤维混纺而成的地毯，因掺有合成纤维，所以价格较低，使用性能有所提高。例如，在羊毛纤维中加入20%的尼龙纤维混纺后，可使地毯的耐磨性提高5倍，混纺地毯在图案花色、质地、手感等方面却与纯毛地毯相差无几，装饰性能不亚于纯毛地毯，价格比纯毛地毯便宜。

★混纺地毯的鉴别与选购

↑混纺地毯背面无脱胶和渗胶的现象

混纺地毯的品种极多，常以毛纤维与其他合成纤维混纺制成，例如，80%的羊毛纤维与20%的尼龙纤维混纺，或70%的羊毛纤维与30%的烯丙酸纤维混纺。混纺地毯价格适中，同时还克服了纯毛地毯不耐虫蛀和易腐蚀等缺点，在弹性与舒适度上又优于化纤地毯，非常健康环保。

在家居装修运用中，混纺地毯的性价比最高，色彩及样式繁多，既耐磨又柔软，在室内空间可以大面积铺设，如书房、客卧室、棋牌室等，但是日常维护比较麻烦。

↑混纺地毯

↑混纺地毯应用

步骤1　看地毯毛绒质地

优质的混纺地毯毛质比较软，具有较强的耐磨损性，用美工刀刮切表面毛绒，不会有明显断裂和脱落的现象。

步骤2　看地毯背面

优质的混纺地毯的背面不会有脱衬和渗胶等现象，虽然地毯弹性一般，但是耐踩踏、耐磨损。

★选材小贴士

混纺地毯性价比高

对家居装饰而言，混纺地毯的性价比最高，色彩及样式繁多，既耐磨又柔软，在室内空间可以大面积铺设，但是日常维护比较麻烦。

★混纺地毯的清洁与保养

↑ 使用吸尘器清除灰尘（一）

↑ 使用吸尘器清除灰尘（二）

步骤1　及时清理

混纺地毯需要每天用吸尘器清理，不要等到大量污渍及污垢渗入地毯纤维后才清理。此外，在清洗地毯时要注意将地毯下面的地板或地砖也清扫干净。

步骤2　控制好使用时间

地毯铺用几年以后，最好调放一下位置，使之磨损均匀，一旦有些地方出现凹凸不平时可轻轻拍打，或者用蒸汽熨斗熨平。

步骤3　及时去污

混纺地毯上有墨水渍可用柠檬酸擦拭，擦拭过的地方要用清水洗一下，之后再用干毛巾拭去水分；有咖啡、可可、茶渍时可用甘油除掉；有水果汁时可用冷水加少量稀氨水溶液除去；有油漆污渍则可用汽油和洗衣粉一起调成粥状，待到夜晚再涂到油漆处，等到次日早晨用温水清洗后再用干毛巾将水分吸干即可。

步骤4　及时清除异物

地毯上落下些绒毛、纸屑等质量轻的物质，可用吸尘器解决，若碎玻璃渣不小心散落在地毯上，可用宽度适中的胶带纸将碎玻璃粘起；如若碎玻璃呈粉状，可用棉花蘸水粘起，再用吸尘器吸除。

↑ 地毯上水果汁的清洗

↑ 使用吸尘器吸走地毯表面上的绒毛

↑用书本压住混纺地毯的焦痕

↑混纺地毯晾晒

步骤5　去除地毯焦痕

地毯焦痕不严重时，可用硬毛刷子将烧坏部分的毛刷掉，如果焦痕比较严重，则需先用书本压在上面，等到地毯干后，再进行梳理。

步骤6　地毯去尘

可将扫帚放在肥皂水中浸泡后扫地毯，要保持扫帚湿润，然后撒上细盐，再用扫帚扫，最后用干抹布擦净。晾晒时注意将地毯翻过来，挂在绳子上用细棍拍打，将灰尘尽量除去，这样也可以有效杀灭地毯上的螨虫。

↑面积较大的客厅可选用混纺地毯，现代风格家居对地毯纹理没有要求，一般以少图案、少纹理为佳，混纺地毯具有较强的弹性，可以从容应对茶几的压力

3.1.3 化纤地毯

化纤地毯的出现是为了弥补纯毛地毯价格高、易磨损等缺陷。化纤地毯一般由面层、防松层、背衬3部分组成。面层由中、长簇绒纤维制作；防松层以氯乙烯共聚乳液为基料，添加增塑剂、增稠剂、填充料，以增强绒面纤维的固着力；背衬由黏结剂与麻布胶合而成。

★化纤地毯的鉴别与选购

↑化纤地毯表面绒毛十分密集，比较硬，抗压和耐磨损效果好

化纤地毯的种类较多，主要有尼龙、锦纶、腈纶、丙纶、涤纶地毯等。化纤地毯中的锦纶地毯耐磨性好，易清洗、不腐蚀、不虫蛀、不霉变，但易变形，易产生静电，遇火会局部熔化；腈纶地毯柔软、保暖、弹性好，在低伸长范围内的弹性恢复力接近羊毛，比羊毛质轻，不霉变、不腐蚀、不虫蛀，缺点是耐磨性差；丙纶地毯质轻、弹性好、强度高，原料丰富，生产成本低；涤纶地毯耐磨性仅次于锦纶，耐热、耐晒、不霉变、不虫蛀，但染色困难。

↑尼龙化纤地毯　　　↑锦纶化纤地毯

步骤1　看地毯毛绒质地

优质的化纤地毯绒头质量好，地毯的耐用性较强，且绒毛十分密集。

步骤2　看地毯背面

优质的化纤地毯的背面不会有脱衬和渗胶等现象，且地毯弹性好、耐踩踏、耐磨损、舒适耐用。

步骤3　燃烧测试

优质化纤地毯燃烧不产生刺鼻气味，不会发出浓烟。

★选材小贴士

化纤地毯的抗老化性

抗老化性地毯主要是对化纤地毯而言的。这是因为化学合成纤维在空气、光照等因素作用下会发生氧化，使地毯的性能下降，缩短使用寿命。

3.1.4 塑料地毯

塑料地毯是以聚氯乙烯树脂为原料，加入填料以及增塑剂等多种辅助的材料和添加剂，经过均匀混炼、塑化，在制造地毯的模具中成型制成的一种新型轻质地毯。

↑ 塑料地毯

★ 塑料地毯的鉴别与选购

塑料地毯具有质地柔软、质量轻、色彩艳丽、脚感舒适、经久耐用、防火、耐水、污染可洗等特点，使用时可根据面积任意拼接，并可刷洗。塑料地毯可以代替纯毛地毯和化纤地毯使用。塑料地毯能给人以舒适愉快、宁静柔和及美观豪华的感觉。塑料地毯种类繁多，颜色从淡雅到鲜艳，图案从简单到复杂，质感从平滑的绒面到立体感的浮雕，能满足现代生活的各种需求。

塑料地毯对于灰尘、沙粒等固体污染物具有很强的藏污性，即尘土、沙粒能很好地隐藏在绒头底部，而地毯表面则仍光洁如新，但由于毯面纤维具有吸收性，对于液体污染物，尤其是有色液体，表面较易沾污和着色。此外，塑料地毯脚感舒适柔软，有弹性，步行时无噪声，能形成较安静的环境，且塑料地毯还拥有良好的保温、隔热性能，有利于保持室内环境整洁。

步骤1 **拉扯强度**

优质塑料地毯抗拉扯强度很高，用人的力量拉扯绝不会拉坏，地毯的耐用性较强。

步骤2 **看地毯背面**

优质塑料地毯一般都是一体化铸造成型，毯背不会有脱衬和渗胶等现象。

步骤3 **燃烧测试**

优质塑料地毯燃烧不产生刺鼻气味，不会发出浓烟。

↑ 铸造塑料地毯质地坚硬

↑ 喷丝塑料地毯质地蓬松柔软

3.1.5 橡胶地毯

橡胶地毯是以天然橡胶为原料，经蒸汽加热、模压而成的一种高分子材料地毯，其绒毛长度一般为5~6mm。

橡胶地毯具有其他材质地毯的一般特性，如色彩丰富、图案美观、脚感舒适、耐磨性好等特点，同时还具有防霉、防滑、防虫蛀、绝缘、耐腐蚀及清扫方便等优点，特别适用于卫生间、浴室、游泳池、车辆及轮船走道等特殊环境。各种绝缘等级的特制橡胶地毯还广泛用于书房等场合。

↑橡胶地毯应用　　　　　　　↑橡胶地毯

★橡胶地毯的鉴别与选购

步骤1　**拉扯强度**

优质橡胶地毯抗拉扯强度很高，用人的力量拉扯绝不会拉坏，地毯的耐用性较强。折叠按压地毯，不会出现开裂的现象。

步骤2　**燃烧测试**

橡胶地毯燃烧会产生刺鼻气味，并发出浓烟，但是离开火焰后会自动熄灭。

★选材小贴士

橡胶地毯和塑料地毯的区别

1.成分及生产技术不一样

橡胶地毯是以天然橡胶或合成橡胶为基础材料的地毯；塑料地毯是以聚氯乙烯树脂为基础材料的地毯，可以替代纯毛地毯和化纤地毯。

2.色系不同

由于橡胶有很强的吸色性，因而大部分橡胶地毯色彩比较单一，但塑料地毯颜色鲜艳，图画丰厚，装饰性较强。

3.1.6 剑麻地毯

剑麻地毯属于植物纤维地毯，以剑麻纤维为原料，经纺纱编织、涂胶及硫化等工序制成。产品分素色与染色两种，有斜纹、鱼骨纹、帆布平纹等多种花色品种。

剑麻地毯纤维是从龙舌兰植物叶片中抽取，有易纺织、色泽洁白、质地坚韧、耐酸碱、耐腐蚀、不易打滑等特点。剑麻地毯是一种全天然的产品，它含水分，可随环境变化而吸收或放出水分来调节环境及空气湿度，非常健康环保。剑麻地毯还具有节能、可降解、防虫蛀、防静电、高弹性、吸声、隔热、耐磨损等优点。

剑麻地毯与羊毛地毯相比更为经济实用。但是，剑麻地毯的弹性与其他地毯相比，就要略逊一筹，手感较粗糙。

↑剑麻地毯质地

↑剑麻地毯丰富的样式

步骤1 **紧密度**

优质剑麻地毯编制紧密度很高，折叠按压后还原没有明显折痕，周边封边紧密，无松散线头，用美工刀划切无断裂痕迹。

步骤2 **染色性强**

彩色剑麻地毯经过水洗后无褪色迹象，可以用湿纸巾浸水后擦拭剑麻地毯表面，观察纸巾表面是否存在褪色染料。

★剑麻地毯的鉴别与选购

↑剑麻地毯在使用中应避免与明火接触，否则容易燃烧，且不易熄灭，在使用中不建议铺设在暖炉旁，以免着火

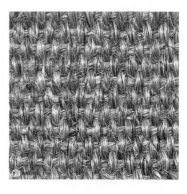
→优质剑麻地毯紧密度高，无任何松散感，分叉毛质纤维经过修剪，整齐细腻

★地毯的安装施工

地毯铺装方法多样，应结合其铺装场地、周围环境、使用人群、地毯材质等多种因素综合考虑再做选择。地毯的铺设主要有固定式和不固定式两种，可以铺满房间，也可以局部铺设。

↑满铺地毯一般用于客厅、走廊等多种场合。满铺地毯时，应量好地面的具体尺寸及形状，如有门或空圈，门口或空圈处的地毯与房间内地毯连在一起，不得分铺。选购地毯时，裁剪损耗率约为地毯长度的0.5%~1%

步骤1 **不固定式铺装**

经常要把地毯卷起或搬动的场合，宜铺不固定式地毯，即将地毯裁边粘接拼缝成一整片，直接摊铺于地上，不与地面粘贴，四周沿墙脚修齐。

步骤2 **固定式铺装**

对不需要卷起，同时在受外力推动下又不会使地毯隆起的场合，如走廊前腰等场合可采用固定式铺法。采用固定黏结式铺装地毯的房间往往不安踢脚板，如果安装，也是在地毯铺装后安装，地毯与墙根直接交界。因此，地毯下料必须十分准确，在铺装前必须进行实量，测量墙角是否规范，准确记录各角角度。固定黏结地毯的技术性要求虽然比地毯倒刺板的要求低，但也需按规范程序施工。

↑不固定式地毯

↑固定式地毯

↑地毯直接粘贴使得加工后的拼缝更加耐用。适合需要使用带有滚轮工具和地面倾斜的场所，费用较低，可以把地毯弯曲的可能性降到最低，有加底的地毯可采用此方法

↑地毯双面铺设可提高地毯外观的持久性、舒适感和其综合性能，不易变形走样。不受空间大小的限制，可简化地毯镶边工序，适合需要使用带有滚轮工具的场所

↑西式铺设法一般适用于面积比较小的家用地毯安装，因为其工艺是通过使用专用的绷紧器拉伸独立于地胶的地毯，同时通过已裱在房间四周的木齿条将其牢牢地固定。在这一过程中，绷紧器可以帮助铺装工人达到既定的张力要求，太大面积的地毯安装是很难实现的。西式铺装法的优点是地毯更换更加容易实现，尺寸矫正更加轻松，可以后期调整，图案匹配较为容易

→旧地毯中存在的灰尘、细菌等也会直接影响新地毯的使用效果，铺装人员会被要求在已使用的地毯上直接铺装新地毯，除非有地毯厂商的特殊建议，一般不应采取此种方式。由于地毯的绒毛具有其相对的不稳定性，结果就会导致地毯外观的严重变形

↑水泥类面层表面应坚硬、平整、光洁、干燥，无凹坑、麻面、裂缝，并应清除油污、钉头和其他突出物。应具有一定的强度，含水率不大于8%。地毯、衬垫和胶黏剂等进场后应检查核对数量、品种、规格、颜色、图案等是否符合设计要求，如符合应按其品种、规格分别存放在干燥的房间内。用前要预铺、配花、编号，待铺设时按号取用

↑↓裁割地毯时应沿地毯经纱裁割。大面积地毯用裁边机裁割，小面积地毯用手握裁刀或手推裁刀裁割。成卷地毯应在铺设前24h运到铺设现场，打开、展平，消除卷曲应力，以便铺设

步骤3　前期基础整理

在地毯铺设之前，室内装饰必须完毕。室内所有设备均已就位，并已调试运转，经核验全部达到合格标准。

↑大面积施工前应先放出施工大样，并做样板，经质检部门鉴定合格后方可组织按样板要求施工

步骤4　弹线、套方、分格、定位

场地经过修补、清洗后，进行画线工作。画线是精雕细琢的程序，除确保测量仪器、设备、工具的精确度以外，施工人员应具备责任心强、工作认真的素质。

↑测量精度为万分之一，选用的钢尺应充分考虑尺长检定及修改，点位线放完后，应进行三人校对，校对符合要求后再喷线

步骤5　地毯剪裁

地毯裁割应在比较宽阔的地方统一进行，并按照每个房间实际尺寸，计算地毯的裁割尺寸，要求在地毯背面弹线、编号。原则是地毯的经线方向应与房间长度方向一致。地毯的每一边长度应比实际尺寸要长出20mm左右，宽度方向要以地毯边缘线的尺寸计算。按照背面的弹线用手推裁刀从背面裁切，并将裁切好的地毯卷边并编号，存放在即将铺装的房间位置上。

↑铺弹性层，衬垫用点粘法刷聚酯乙烯乳胶，粘贴在地面上

步骤6 铺弹性垫层

满铺地毯下面一般加一层海绵胶垫、橡塑胶垫或者珍珠棉胶垫，方块地毯下面不需要加任何垫子，直接用胶水粘在地面上即可。垫层应按照倒刺板的净距离下料，避免铺设后垫层皱褶，进而覆盖倒刺板或远离倒刺板。设置垫层拼缝时应考虑与地毯拼缝至少错开150mm。

步骤7 钉倒刺条

地毯倒刺条各地有不同的叫法，一般叫倒刺钉板条，因为它是条状的，所以也有人叫它钉条。顾名思义，就是有钉子的木板条。一般是1200mm长、24mm宽、6mm厚，根据不同的毯子和不同的铺设场合会有所不同，可以有很多规格。它是三合板裁成条，再在其上斜向钉两排钉，再在相反的一面钉上若干个高强水泥钢钉，使之均匀分布在整个木条上，在其上铺设地毯，也就是地毯挂在钉上，这样地毯就不会倒翻、卷边、起皱或者移位了。

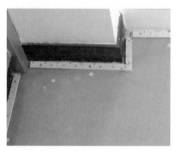

↑钉接倒刺板

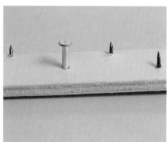

↑倒刺板细节

↑用胶黏结地毯

↑敲击地毯边缘

步骤8 拼缝与收边

地毯的拼接有两种方法，一种是用针线将两块或两块以上的地毯连接起来；另一种是用胶纸黏结地毯，即先用熨斗将胶热熔，然后把地毯压在刚熔好的胶纸上，用力按压至地毯粘接在一起为止。地毯全部张平拉直后，应把多余的地毯边裁去，再用扁铲将地毯边缘塞入踢脚板和倒刺板之间。在门口或与其他地面的分界处，弹出线后用螺钉固定铝压条，再将地毯塞入铝压条口内，轻敲弹起的压片，压紧地毯。

→小户型对地毯更青睐，可以在小面积空间中变化出更多的地面材质，地毯与地砖形成强烈对比，地毯纹理与茶几、家具相呼应，具有很强的凝聚力，表现出小户型的核心

地毯一览●大家来对比●

品　种	性　能　特　点	适用部位	价　格
纯毛地毯	质地真实、柔软、平和，舒适性好，档次高，价格昂贵	客厅、书房、卧室等空间地面局部铺装	800元／m²以上
混纺地毯	品种、规格多样，柔和舒适，价格较高	室内各空间地面整体或局部铺装	300～800元／m²
化纤地毯	质地平和，较硬，较单薄，耐磨损，花色品种多，价格低廉	室内各空间地面整体或局部铺装	100元／m²以下
塑料地毯	质地较软，舒适，纹理朴素，耐磨损，价格低廉	卫生间、厨房、门厅地面铺装	100元／m²以下
橡胶地毯	质地柔软，舒适，色彩多样，比较耐磨损，价格低廉	儿童房、书房、卧室等空间地面局部铺装	100元／m²以下
剑麻地毯	质地硬朗，舒适凉爽，纹理朴素，有宽厚包边，价格适中	客厅、书房、卧室等空间地面局部铺装	200～500元／m²

3.2 窗帘

窗帘是用布、竹、苇、麻、纱、塑料、金属材料等制作的遮蔽窗户或调节室内光照的帘子。窗帘能保持家居空间的私密性，既可以减光、遮光，满足人对光线不同强度的需求，又可以防风、隔热、保暖、消声、防辐射，改善环境。

3.2.1 百叶窗帘

百叶窗帘有水平式与垂直式两种，水平式百叶窗帘由横向板条组成，只要稍微改变一下板条的旋转角度，就能改变采光与通风。板条有木质、钢质、铝合金质、塑料、竹制等。

窗帘主要由帘体、辅料及配件3大部分组成。帘体包括窗幔、窗身、窗纱。窗幔是装饰窗户不可或缺的组成部分，一般采用与窗身相同的面料，款式上有平铺、打折、水波、综合等式样。辅料由窗樱、帐圈、饰带、花边、窗襟衬布等组成。配件有侧钩、绑带、窗钩、窗带、滑杆、衬布、配饰等。

↑百叶窗帘（一）

↑百叶窗帘（二）

↑竹制百叶窗帘。竹制百叶窗帘适用于面积较小的卧室，既能很好地透气、通风，同时又能让阳光透过窗帘的缝隙照射进来，别有一番意境

小面积的卫生间适合选用铝制百叶窗帘，不仅可以保护隐私，遮挡阳光，还具有比较好的防水性；小面积的书房为了营造更好的书香气氛，可以选择具有质感的木质百叶窗帘，比较古朴。

3.2.2 卷筒窗帘

卷筒窗帘又称卷帘，卷帘具有外表美观简洁、结构牢固耐用等很多优点，当卷帘面料放下时，能让室内光线柔和，免受直射阳光的困扰，达到很好的遮阳效果，当卷帘升起时它的体积又非常小，不易被察觉。

水平式百叶窗帘的特点是当转动调光棒时能使帘片转动，能随意调整室内光线，拉动升降拉绳能使窗帘升降并停留在任意位置。百叶窗帘的遮阳隔热效果好，外观整洁明快，安装及拆卸简单，常用于客厅、书房、阳台等。

垂直式百叶窗帘的特点是帘片垂直、平整，间隔均匀、线条整洁明快，装饰效果极佳。垂直式百叶窗帘具有清洁方便、耐腐蚀、抗老化、不易褪色、阻燃、隔热等特点，有布艺垂直百叶、竹制百叶窗帘等。竹帘有良好的采光效果，纹理清晰、色泽自然，使人感觉回归自然，而且耐磨、防潮、防霉、不褪色，适用于阳台、书房、餐厅等空间。

百叶窗帘的条带宽有80mm、90mm、100mm、120mm等多种。不同材质的百叶窗帘需用在不同的空间内。例如，木质与竹制百叶窗帘适合用于家居，铝合金质或钢制的不适宜家居用。常见的塑料百叶窗帘价格低廉，为60～80元／m²。金属与木材百叶窗帘价格较高，为150～250元／m²。

卷帘的形式多样，主要分为弹簧式、电动收放式、珠链拉动式等3种。弹簧式卷帘最常见，结构小巧紧凑，操作灵活方便；电动收放式卷帘只需拨动电源开关，操作简便，工作安静平稳，是卷筒窗帘的高档产品，根据帘布的尺寸重量可选用不同规格的电动机，可用1个电动机拖多副卷帘，电动卷帘适用于大型住宅；珠链拉动式卷帘是一种单向控制运动的机械窗帘，只要在卷管负重范围内，就能保证帘布不会因自重而下滑，只要拉动珠链传动装置，帘布便会上升或下降，动作平滑稳定。

不同材质的卷筒窗帘需用在不同的空间内，例如，半透光性面料适合一般办公场所，全遮光性面料适合卧室与影视会议室。

卷帘使用的帘布可以是半透明或乳白色及有花饰图案的编织物。具体又分为半透光性面料、半遮光性面料、全遮光性面料。卷帘的规格可以根据需求定制，弹簧式卷帘以4m²以内为宜，电动式卷帘的宽度可达2.5m，高度可达20m，珠链拉动式卷帘高度一般为3~5m。常见的弹簧式卷帘价格较低，为50~80元／m²。

↑卷筒窗帘（一）　　　↑卷筒窗帘（二）

3.2.3　折叠窗帘

折叠窗帘的机械构造与卷筒式窗帘类似，第1次拉动即下降，所不同的是第2次拉动时，窗帘并不像卷筒式窗帘那样完全缩进卷筒内，而是从下面一段段打褶升上来，褶皱幅度与间距要根据面料的质感来确定。

折叠窗帘使用的面料特别丰富，规格可根据需求定制，每个单元的宽度宜≤1.5m。中档折叠窗帘价格为100~150元／m²。折叠窗帘应根据使用程度，定期更换窗帘拉绳，避免拉绳与窗帘发生缠绕，窗帘全部上升到位以后，仍会有一部分遮住窗户。

折叠窗帘在安装时要提前做好尺寸的测量，保证装修设计的整体效果，建议在地板和墙壁全部粉刷完毕后再请专业人员测量定做折叠窗帘。此外折叠窗帘选择的布料材质和布料的颜色要能和房间内墙面、地面的材质相搭配，还要能和房间内墙面、地面以及家具的色彩相匹配，所选用的窗帘还需具备一定的防污性和遮阳性，以便安装后可以更好地营造室内环境。

↑折叠窗帘（一）　　　↑折叠窗帘（二）

3.2.4　垂挂窗帘

垂挂窗帘的构造最复杂，由窗帘轨道、装饰挂帘杆、窗帘箱或帘楣幔、窗帘、吊件、窗帘缨（扎帘带）、配饰五金件等组成。

　　垂挂窗帘除了不同的类型选用不同织物与式样以外，以前比较注重窗帘盒的设计，但是现在已逐渐被无窗帘盒的套管式窗帘所替代。此外，用窗帘缨束围成的帷幕形式也成为一种流行的装饰手法。

　　垂挂窗帘主要用于客厅、卧室等私密、温馨的空间里。垂挂窗帘规格可根据需求定制裁剪，中档垂挂窗帘价格为 $200\sim300$ 元 $/ \mathrm{m}^2$。

↓冷色调垂挂窗帘。蓝色的纱质垂挂窗帘质地轻盈，能够在炎热的夏季带来满满的清凉感

↑垂挂窗帘（一）

↓垂挂窗帘（二）

★窗帘的鉴别与选购

步骤1 闻气味

仔细闻一下窗帘的气味，散发出刺鼻异味的，最好不要购买。

步骤2 选色彩

在挑选窗帘颜色时，以选购浅色调为宜，这样甲醛、染色牢度超标的风险会小些。

步骤3 看面料

关注面料品质，可以用手拉扯一下窗帘面料，优质品不能出现开裂、脱落等痕迹。

步骤4 检查配件

优质的窗帘的各种配件应无毛刺、锈迹，记住要选购健康环保型的产品。

↑闻窗帘气味。仔细闻一下窗帘的气味，优质品不会有刺鼻的味道

↑拉扯窗帘。可使用一定的力度拉扯窗帘，感受其韧性，表面不会出现线条开裂的为优质窗帘

步骤5 关注缩水率

亚麻、丝绸、羊毛质地的产品价格较高，一些新式带有团花、碎花图案的设计最受欢迎。不过这些质地的织物有一定的缩水率，购买时尺寸要大一些，其缩水率为5%左右。人造纤维、合成纤维质地的窗帘，由于耐缩水、耐褪色、抗皱等方面优于棉麻织物，适于阳光日照较强的房间。现代许多织物都是将天然纤维与人造纤维或合成纤维进行混纺，同时兼具两者之长。

★窗帘的安装施工

穿杆垂挂窗帘是现代生活中最常见的窗帘品种之一，安装起来比较简单，但是穿杆的长度较大，安装时对穿杆的定位精准度要求比较高，应采用激光水平仪来定位。

步骤1 检查窗帘

检查加工完成的窗帘与窗帘杆的尺寸是否与设计尺寸一致，检查窗帘杆是否笔直，检查窗帘面料是否存在瑕疵。

步骤2 定位标记

根据标记的位置在墙上定位标记，成品窗帘高度一般为2700mm，那么支架的安装高度一般为2750~2800mm。

↑遇到问题不要急着更换，尽量自主解决，更换窗帘或窗帘杆会耽误时间

↑测量时一定找准位置，不能有任何偏差。最保险的方法还是定位完成后进行一次复核

步骤3 钻孔

用电锤钻孔时注意进入的角度，要与墙面保持垂直，初期推压的力度要小，防止钻头偏离方向。

步骤4 钉入膨胀栓

选用长度大于40mm的塑料膨胀栓钉入，墙体的密度不同会产生不同的阻力。

↑待钻头进入到墙体后再用力推压，遇到阻力时应当前后移动，使电锤更有冲击力量

↑膨胀栓遇到较大阻力时也要将其完全钉入孔洞中，遇到较小阻力或没阻力时应塞入牙签加固

步骤5 **安装支架**

　　用小电钻安装十字披头将螺钉钻入膨胀栓内，固定时应当将支架一同安装。

步骤6 **安装挂杆**

　　将横窗帘杆搁在中间支架上，对准中点标记放好，入卡口紧固。

↑如果是两个螺钉，一般先安装下部、后安装上部，两个螺钉可以先后钻入，但要同时拧紧，避免将其中一个拧紧后再去安装另一个，否则发生轻微位置偏移，就会完全松懈

↑两端暂时不要紧固，待窗帘穿入后再卡紧

步骤7 **折叠窗帘**

　　将窗帘展开后，整理平整，将上部端头对折，窗帘左右两端的折叠方式是向人体方向外凸、向墙面方向内凹。

步骤8 **穿入窗帘杆**

　　将窗帘分别从两端穿入窗帘杆，全部孔洞穿入后，只保留最后一个孔不穿，待两端的窗帘杆卡入支架后再穿到窗帘杆上。

↑注意窗帘不要折反了，否则无法固定在窗帘杆两端

↑外露的窗帘杆长度应当只有30mm左右

↑待窗帘穿入后，将窗帘的最后一个孔穿在支架外端，被即将安装的装饰帽压住

↑最好在阳光充足的天气下安装，让太阳晒3~5h

步骤9　**安装装饰帽**

　　将装饰帽安装到窗帘杆两端上，如果有松动，可以用水管生料带缠绕几圈，但是不应用万能胶粘接，以免日后无法拆卸清洗。如果特别紧，甚至无法安装，可以用砂纸将窗帘杆外端打磨，将外径磨小即可。

步骤10　**整理完成**

　　窗帘安装完毕后，在完全关闭状态下整理窗帘的皱褶，将形态理顺、灰尘拍打干净，将配套腰绳系在窗帘折叠处定型，保持24h后再松开，以后正常使用时完全展开即能看到比较整齐的波折痕迹，使窗帘显得挺括有质感。

窗帘一览●大家来对比●

品　种	性　能　特　点	适用部位	价　格
百叶窗帘	开关方便，装饰形式感强，可以变换开启形式，材质多样	客厅、书房、卫生间中的小面积窗户	60~250元 / m²
卷筒窗帘	开关方便，遮光效果好，干净整洁，材质多样	餐厅、厨房、阳台、卫生间中的大面积窗户	50~80元 / m²
折叠窗帘	开启形式多样，装饰效果好，具有很强的居家氛围	客厅、书房、卧室中的大面积窗户	100~150元 / m²
垂挂窗帘	装饰效果丰富，形态、纹理、色彩多样，占据少量空间	客厅、卧室、书房中的大面积窗户	200~300元 / m²

参考文献

[1] 托恩·芬南吉尔. 布艺样的家：节日家居布艺. 王西敏，毛杰森，译. 郑州：河南科学技术出版社，2009.

[2] 海英. 窗帘的款式与制作. 南宁：广西科学技术出版社，2000.

[3] 杜玉铎，李秀英. 家居布艺. 北京：机械工业出版社，2010.

[4] 刑小方. 地毯编织工艺. 北京：化学工业出版社，2015.

[5] 数码创意. 软装饰家：窗帘. 北京：中国电力出版社，2015.

[6] 霍康，林绮芬. 软装布艺设计. 南京：江苏凤凰科学技术出版社，2017.

[7] 王巍. 雅致窗帘. 长沙：湖南科技出版社，2011.

[8] 皇家布艺. 新款窗帘精选. 广州：广东人民出版社，2010.

[9] 石珍. 建筑装饰材料图鉴大全. 上海：上海科学技术出版社，2012.

[10] 李吉章. 家装选材一本就go. 北京：中国电力出版社，2018.

[11] 安素琴. 建筑装饰材料识别与选购. 北京：中国建筑工业出版社，2010.

[12] 王旭光，黄燕. 装饰材料选购技巧与禁忌. 北京：机械工业出版社，2008.